城市园林绿化规划设计

梅显才 梅涵一 编 著

黄河水利出版社
·郑 州·

内 容 提 要

本书结合城市规划相关知识阐述了城市园林绿化规划的基本知识和基本理论,以及规划设计的基本方法、技术和经济问题,共九章。第一章简要介绍我国城市园林绿化事业的发展历程以及本书的中心内容;第二章简要介绍中外园林概况;第三章至第七章重点阐述城市园林绿化规划设计的基本理论、基本规律和基本方法;第八章和第九章则重点介绍各类绿地的规划设计及其程序、制图画法。

本书可作为高等院校风景园林专业、园林专业、城市规划专业、森林旅游专业本科生等的教材使用,也可供从事风景园林规划设计的工作人员、城乡各级各类机关和企事业单位从事后勤物业保障工作的相关人员参考。

图书在版编目(CIP)数据

城市园林绿化规划设计/梅显才,梅涵一编著. —郑州:黄河水利出版社,2013.8
ISBN 978 - 7 - 5509 - 0537 - 5

Ⅰ.①城…　Ⅱ.①梅…　②梅…　Ⅲ.①城市 - 绿化规划 - 设计　Ⅳ.①S731.2

中国版本图书馆 CIP 数据核字(2013)第 202226 号

组稿编辑:路夷坦　电话:0371 - 66026749　E-mail:hhsllyt@126.com

出　版　社:黄河水利出版社
　　　　　地址:河南省郑州市顺河路黄委会综合楼14层　　邮政编码:450003
发行单位:黄河水利出版社
　　　　　发行部电话:0371 - 66026940、66020550、66028024、66022620(传真)
　　　　　E-mail:hhslcbs@126.com
承印单位:河南省瑞光印务股份有限公司
开本:787 mm×1 092 mm　1/16
印张:11.5　　　　　　　　　　　　插页:4
字数:263 千字　　　　　　　　　　印数:1—3 000
版次:2013 年 8 月第 1 版　　　　　印次:2013 年 8 月第 1 次印刷

定价:35.00 元

目　录

城市园林绿化规划设计

城市园林绿化规划设计

第一章　绪　言

随着我国工农业和第三产业的不断发展,城市化浪潮的不断掀起,人民物质生活和文化水平的不断提高,新兴的旅游事业正在蓬勃发展。2010 年,国家旅游局公布了包括 4 个直辖市和 14 个副省级城市在内的 339 座中国优秀旅游城市。面对这种大好局面,如何为城市创造既有利于生产、学习、休息和丰富生活,又具有卫生、舒适、优美的环境,这就要求我们在党的领导下,充分发挥我国社会主义制度的优越性,在合理的城市规划和建设中,加强对城市园林绿化事业发展的重视,大力培养出适应市场化需求的园林绿化人才。

"文化大革命"期间,绿化城市、美化环境的栽树种花被作为封、资、修批判,取消了城市园林绿化规划,在园林绿地、名胜古迹和风景区乱砍滥伐树木,建厂造房,以致环境被严重污染,使历史悠久、闻名世界的园林艺术遗产和自然景观受到糟蹋、破坏。如今,急需加强我国城市园林绿化建设,应该说这是一项十分重要的、刻不容缓的任务。

"文化大革命"结束后,党和国家很重视园林绿化事业的发展,1979 年经教育部批准,首先在北京林学院(北京林业大学前身)开设了园林绿化专业,紧接着其他类似的高等院校园艺系相继增设了园林绿化课程,一些城市还自筹资金创办了园林技校。随着对外开放、对内搞活经济政策的落实,城市建设和旅游事业发展很快,园林绿化人才供不应求,所以许多高等院校的园艺系和林业系相继升格为园艺学院、园林学院和林学院,大量开设了园林绿化专业。近几年来,尤其在 2005 年 1 月 21 日国务院学位委员会第 21 次会议审议通过决定设置风景园林硕士专业学位后,一些综合性的重点大学也相继开设了风景园林专业的硕士学位,比如北京大学、清华大学、浙江大学、同济大学、四川大学、重庆大学、天津大学、东南大学等 8 所全国知名高校都开设了风景园林专业的研究生教育。甚至一些重点理工科大学也在建筑学院延伸开设了风景园林专业的研究生教育,比如上海交通大学、哈尔滨工业大学、华南理工大学、华中科技大学、西安建筑科技大学等都有这方面的教育。

浙江省是全国风景名胜最多的省份,其中杭州是世界旅游胜地,早在 1983 年就被国务院列为全国三大旅游城市之一(另外两个城市是北京和桂林)。为了进一步发展浙江的旅游事业,把杭州建设成真正的人间天堂,需要大量的园林绿化人才,所以杭州市于 1982 年创办了园林技校,浙江农业大学园艺系(现浙江大学园艺系)也在 1981 年开设《观赏园艺学》的基础上恢复了"文化大革命"前就有的园林绿化专业,1983 年首次在杭州市招收了 16 名本科生学员,1984 年在全省招收了 30 名本科生,以后一直保持这个招生规模。

金华市改革开放以来城市建设和旅游事业也发展很快,但园林绿化人才却很缺乏。1984 年,在与驻金部队的军民共建活动中,毕业于浙江大学园艺系(原浙江农业大学园艺系)的炮兵团干部为其驻地的金华市罗店职业中学开设了园林绿化课,首批毕业学生 108 人,其中金余能同学一毕业就被当时正在扩建的浙江财政学校(在金华)录用为校园绿化

管理人员。这说明,社会确确实实是需要大量的园林绿化人才的。

一、园林绿化是社会主义现代化城市建设的重要组成部分

园林绿化是城市建设的组成部分之一,园林绿化建设和其他建设项目一样,应当有计划、有步骤地进行。每一块绿地的建设都要根据城市总体规划,作出一个比较完整的设计方案,它不仅应该符合总体规划所规定的功能要求,贯彻为人民生活服务、为国家建设服务的基本方针,而且应该体现"经济、实用、美观"的原则。凡是新建和扩建的园林绿化建设项目,一定要有正规设计,没有设计不得施工。

二、园林绿化的概念及学习的对象

园林绿化指的是城市园林绿化建设。园林和绿化虽然有共同的基本内容,属于同一范畴,但概念上有区别。"园林"从词性上讲,属于名词,含义较窄。从古籍关于园林的记载可知,古代园林都包括园林建筑的"庭园",但发展到现代,"园林"一词赋予了新的含义:泛指在一定范围内,往往是由地形、地貌、建筑设施和园林植物等因素组成,根据一定的自然法则和艺术原理,组合建造环境优美、供作文化休息的空间景域。如公园、古典园林、动物园、植物园等。"绿化"从词性上讲,属于动词,含义较广,一般来说,种植树木花草,使环境优美、卫生,防治水土流失等都叫绿化。就绿化的区域来讲,相差是很悬殊的,大至荒山植树造林,小至屋旁栽花种草,但凡是用绿色植物改造自然、保护环境、具有生态平衡作用的(如开发森林公园,种植防护林带,屋旁种花栽树)都可称为"绿化"。可以说,园林必经过绿化,而经过绿化的不一定都是园林。然而,虽然两者的含义不同,但都是用园林艺术手法和科学技术改造自然,达到风景宜人,环境优美、卫生的功效,所不同者,"园林"在突出设施质量和艺术性方面的要求较高,"绿化"在这方面的要求较低。因此,无论是园林建设和绿化建设,都是园林绿化课所学的对象,具体范围包括建造综合性公园、带状绿化、居住区绿化、工矿企业绿化、机关绿化、特殊绿化、风景区绿化和建设生产防护林带等。

综上所述,可以给园林绿化下这样的定义:园林绿化是建立在城市园林绿化建设为目的的园林植物基础上的,用来满足人们日常生活上日益增长的对园林绿化建设需要的事业与科学。

三、本课程学习的中心内容

本课程学习的中心内容是:如何运用植物、建筑、山石、水体等园林物质要素,以一定的科学技术和艺术规律为指导,充分发挥其综合功能,因地、因时制宜地选择各类城市园林绿地,并进行合理的规划布局,使之形成一个有机的整体,以便创造卫生、舒适、优美的生活环境。因此,本课程需要学习园林绿化规划设计中的园林艺术原理和各类绿地的基本原则、基础知识,包括风景区规划的专业知识。从学科而言,本课程是一门综合性很强的课程,它与城市规划、建筑学、地理学、环境科学、园林植物学、土壤学、测量学、制图学,以及历史、文学、艺术等有密切的关系。简言之,它是一门自然科学和社会科学的综合性学科。

四、学习目的和要求

园林绿化是一门综合性很强的课程,也是高等院校园林设计专业本科生必修的一门应用性学科课程。要想全面掌握该课程的内容,能熟练地完成社会上各类园林绿化建设项目,不是一件容易的事情。如果是职业中学开设这门课程,由于学生的知识面、生活阅历有限,要学好它更是困难。我们想,职业中学开设这门课程,主要是让大家了解园林绿化的一些最基本的内容,为将来进一步学习深造打下基础。再说,职业中学毕业生很少能参加城市的整体绿化规划设计,所以学习该课程应以居住区绿化、工矿企业绿化和机关绿化为重点。

学习这门课程,不仅是为将来可能从事园林绿化工作的同志起个引路的作用,更重要的还在于将来在实践中不断地学习、摸索,只有这样,才能把园林绿化工作做好。为了做好园林绿化工作,也为了学好本课程,要求做到多看、多跑、多思考、多实践。多看就是要多查看有关资料,多看书学习;多跑就是要多游览风景名胜,多参观园林绿化工作做得好的单位,多调查这些地方的资源;多思考就是在看、跑的基础上,充分发挥主观能动性,进行比较分析、研究;多实践就是要不怕吃苦,不怕失败,多做一些亲手干的工作。

第二章 中外园林概述

第一节 中国园林

一、中国园林简史

(一)商、周的"囿"

我国最早的园林有史可考的是商、周的"囿"。据《说文》:"有禽兽曰囿","苑有墙曰囿"。在商周奴隶制社会里,奴隶主盛行狩猎取乐,故"囿"为划定一定范围又滋生着自然的植被,养禽兽于其中,且有"台"、"池"之作。这是园林的雏型。

(二)秦汉建筑宫苑和私家园林

秦汉时代,秦始皇、汉武帝均好营宫室,把宫室建筑在"囿"的地段,于是出现了以宫室建筑为主体的秦汉建筑宫苑。"苑"是在"囿"的形式上发展起来的帝皇游乐场所,如当时的代表宫苑"上林苑",是皇家禁苑,不仅规模巨大,且苑中有苑,苑中有宫,宫中有苑。

随着封建社会的出现,贵族、地主、富商的私家园林也随之产生,因其限于财力、物力和等级制度,其规模较之宫苑为小,但造景毫不逊色。

秦汉建筑宫苑与私家园林有一共同特点,即大量建筑与山水结合布局。

(三)南北朝自然山水与寺院"丛林"

北朝园林基本上承袭秦汉建筑宫苑风格,而南朝的园林艺术受当时的思想意识、文学、绘画的影响很大。士大夫们由于厌烦战争,再加佛教盛行和老庄思想的影响;再有山水画的出现、启示,也促使园林走向崇尚自然美的山水园林。另外,南朝山水秀丽、气候温暖,园林植物资源丰富,也是形成自然美的山水园林不可缺乏的物质基础。

佛教传入中国后,南朝寺院极其兴盛,寺院除少数在市区外,大多选择环境清幽、丛林茂密的山林之中。这种寺院及其周围环境称之为寺院"丛林",也称"禅林",如苏州虎丘云岩寺、杭州灵隐寺。

从南北朝起,我国园林开始有明显的南北两宗了。

(四)隋、唐、宋宫苑和唐宋写意山水园林

1. 隋、唐、宋宫苑

隋统一南北后,南北园林加强了交流,使北方宫苑园林也向南方自然山水园林演变,形成山水建筑宫苑。

2. 唐宋写意山水园林

唐宋时期,诗词、绘画艺术流行,出现了不少著名的山水诗、山水画。其园林便以山水画为蓝本、诗词为主题,以画设景,以景入画,充满着文人画家的"诗情画意",这就促进了唐宋文人写意山水园林的形成。由于造园条件不同,可分为以自然名胜区加以规划布置

的自然风景园林,以及在城市因地制宜建造的城市园林。

(五)明清宫苑和江南私家园林

1.明清宫苑

明清是我国封建社会的没落时期。明代宫苑园林建造不多,其代表是明西苑,园林风格均较自然朴素,继承了北宋山水宫苑的传统。清代宫苑园林一般建筑数量多、尺度大,装饰豪华,庄严,园中布局多为园中有园,即便有山水,仍注重园林建筑的控制和主体作用,注重"景"的题名。清代园林又演变为建筑山水宫苑,但这种宫苑除继承了秦汉以来宫苑传统外,还自康熙南巡、乾隆游江南后,增加不少造景模仿江南山水,吸取了江南特色。清代建筑山水宫苑代表有北京颐和园、圆明园,承德避暑山庄及故宫中的乾隆花园等。

2.江南私家园林

明清园林的重大发展是私家园林的兴盛,尤其以江南园林著称。首先,江南因自然条件优越,水源丰富,河湖池沼多,园林植物品种丰富,观花、赏叶、闻香、看果,树姿优美者甚多,均有利于江南园林的构景。其次,园林的形成与经济条件不可分离,江南城市手工业、农副产品丰富,商业经济比较发达,扬州以商业特别是盐商为主,杭州丝织闻名,苏州则是官僚、地主、士大夫、商人云集和居住终老的地方。最后,唐宋写意山水园林在江南早有基础,影响深远,尤其被文人、士大夫、画家所推崇,这些都为江南园林形成特色创造了条件。

江南园林主要分布:扬州,如何园、个园等;无锡,如寄畅园等;苏州,如四大名园——拙政园、留园、沧浪亭、狮子林等;湖州,如潜园等;南京,如瞻园等;上海,如豫园、内园等;常熟,如燕园等;杭州,如皋园、刘庄等;嘉兴,如烟雨楼等。江南园林以苏州园林为代表,有"苏州园林甲天下"之称。

二、我国传统园林艺术特点

我国传统园林艺术的特点可概括如下。

(一)效法自然的布局

我国园林以自然山水为风尚,有山水者加以利用,无地利者,常叠山引水。将厅、堂、亭、榭等建筑与山、池、树、石融为一体,成为"虽由人作,宛自天开"的自然式山水园林。

(二)诗情画意的构思

我国古典园林与传统诗词、书画等文学艺术有密切联系。园林中的"景"不是自然景象的简单再现,而是赋予情意境界,寓于景,联想生意。组景贵在"立意",创造意境。

(三)园中有园的手法

在园林空间组织手法上,常将园林划分为景点、景区,使景与景间既分隔又有联系,而形成若干个忽高忽低、时敞时闭、层次丰富、曲折多趣的小园。明清的私家园林更是创造了在"咫尺山林"中开拓空间的优异效果。

(四)建筑为主的组景

园林由山水、植物、道路和建筑组成,而中国古典园林中的建筑不但占地多(据调查点 15%～50%),且园林建筑常居主景的控制地位,居于全园的艺术构图中心,并往往成为该园的特点。即使在各景区,亦均有相应的建筑成为该景区的主景。

（五）因地制宜的处理

自南北朝以来,中国园林即根据南北自然条件的不同而有南宗北宗之说。自秦汉即根据宫苑的私家园林条件不同而各自发挥其胜。至今中国园林已有北方宫苑、江南园林、岭南庭园等不同风格的园林。每个园均有其特色,或以山著称,以水得名;或以花取胜,以竹引人,构成了丰富多彩的园林景观。

古典园林是我国劳动人民的创造和宝贵的文化遗产,但又是封建社会条件下物质和精神的产物。因此在学习时,必须按现今的社会时代要求,去其糟粕,取其精华,古为今用,这是发展当代园林必具民族风格的最好借鉴。

第二节　国外园林概况

一、概况

国外园林就其历史悠久程度、风格特点及其对世界园林的影响来讲,具有代表性的有日本园林,还有 15 世纪中叶意大利文艺复兴时期后的欧洲园林,包括意大利、法国和英国园林等,近代又出现了美国和苏联的园林。

（一）日本园林——缩景园

日本园林在古代受我国文化和唐宋山水园林的影响,后又受日本宗教的影响,逐渐发展形成了日本民族所特有的山水庭园布局。它十分精致和细巧,是模仿大自然风景,并缩景于一块不大的园址上,像一幅自然山水画,故也可说日本庭园是自然景的缩景园。其园林尺度较小,注意景色层次,植物布置高低错落,自由种植,其中石灯笼和洗手钵为日本园林特有的陈设品。

（二）文艺复兴时期的意大利园林——台地园

文艺复兴后,贵族、资产阶级追求个性解放,多由闷热潮湿的地方迁居到郊外或滨海的小坡上,视野开阔,有利于借景、俯视。这样逐渐形成了意大利独特的园林风格——台地园。

意大利台地园一般依山就势,分布数层,庄园别墅主体建筑往往在中层或下层,下层为花草、灌木植坛,且多为规则式图案。规划布局强调中轴对称,园林风格为规则式,但注意规则式的园林与大自然风景的过渡,即自靠近建筑的部分至自然风景处逐步减弱,其规则式风味如从整形修剪的绿篱到不修剪的树丛,而后才是园外的大片天然树林。有的采用行植树聚成或以大树构成框景,将自然景色借入规则式的园林中。

园林主体建筑,如庄园别墅或娱乐馆等直至大门,常有瓶饰小建筑。

意大利多山泉,便于引水造景,因而常把水景作为园林主景之一。理水方式有瀑布、喷泉、壁泉、小水渠等。

植物以常绿树为主,有石楠、黄杨、珊瑚树等。在配置方式上采用整形式植坛、黄杨绿篱,以供俯视图案美丽。很少用色彩鲜艳的花卉,而以绿色为基调,不眩光耀目,给人以舒适、宁静的感觉。有时用植物绿色深浅不同,使园景有所变化。园路注意遮阴,以防夏季

阳光照射。高大的黄杨或珊瑚树植篱常作为分隔园林空间的材料。

台地园中的台阶供上下交通联系用,且是很好的园景装饰品,富有节奏感。台阶做法常因主题不同而作不同处理。如表现崇高威严,则台阶依势直上,采用云梯式蹬道,踏步窄而高,在中轴线上遇缓长的斜坡,则多采用低而宽的台阶;如表现开朗风景而又遇坡度大的山坡,则采用八字阶梯或用曲线蹬道等。

(三)17、18世纪的法国宫苑

法国地形平坦,根据法国自然条件的特点,吸收意大利等国的园林成就,创造出了具有法国民族独特的园林风格——精致而开朗的规则式园林。

在园林水景方面,多系整形河道、水池、喷泉及大型喷泉群。为了扩大园林空间并增加园容变化,取得倒影艺术效果,常在水面布置建筑物、雕塑和植物等。

因法国雨量适中,气候温和,多落叶阔叶树,故常以落叶密林为丛林背景,并广泛应用,常用图案花坛,注意色彩变化,并经常用平坦的大面积和浓密树林,衬托华丽的花坛。行道树大多为梧桐之类,路旁或建筑物附近常植修剪整形的绿篱或常绿灌木,如黄杨、珊瑚树等。

园林雕塑常作为点景和装饰的主题,风格细腻幽雅,运用较为普遍。园界处常用铁栅栏,以使园内外景互相渗透。

(四)英国风景园

英国园林大多数以植物为主题。

18世纪,浪漫主义思想在欧洲兴起,在园林中出现了"迷园",它反对规则呆板的布局,于是使传统的风景园得到复兴与发展,尤其是英国造园家威廉·庚伯(William Chambers,1723~1796)于1757年出版了一本介绍中国建筑的书《中国建筑、家具、服装和器物的设计》(Designs of Chinese Buildings,Furnitures,Dresses,Machines,and Utensils)介绍了中国自然式园林后,又在伦敦郊外建造了丘园,影响颇大,这时田园歌舞、风景画风行,出现了爱好"自然热"。

英国风景园的特点:以发挥和表现自然美为指导思想,园林中有自然的水池,略有起伏的大片草地,在大草地中孤植树、树丛、树群均可成为园林一景。道路、湖岸、林缘线多采用自然圆滑曲线,追求"田园野趣",小路多不铺装,任游人在草地上漫步或作运动场所。善于运用风景透视线,采用"对景"、"借景"手法,对人工痕迹和园林界墙均以自然式处理隐蔽。在建筑到自然风景区采用自然式种植,种类繁多,色彩丰富,常以花卉为主题。注意小建筑的点缀装饰。

把园林营造建立在科学基础上,创建了各种不同的人类自然环境。后来发展了以某一风景为主题的专类园林,如岩石园、水景园、高山植物园、蔷薇园、杜鹃园等。

(五)美国园林——国家公园

美国大部分园林模仿英国、中国、日本等。现代公园和家庭公园多注意自然风景与室内外空间环境的联系流动,有自然曲线形的混凝土道路场地和水池轮廓。美国因钢铁木材较多,故园林建筑常用钢木材料,显得轻巧空透,注意光影效果。植物种植自然式,而到建筑附近则逐步有规则绿篱或半自然的花径相过渡,注意草皮覆盖,甚至用塑料草皮,防止尘土飞扬。花卉运用较多,点缀大草坪和庭园。常用散置石和多孔的混凝土塑石装饰

园林。

1872 年,美国创建了面积达 89 万 hm^2 的世界上最大的国家公园——黄石公园,这是一个风景优美的天然公园,其特点是注重自然风景的组织。

现美国已经建立了 100 多个国家公园,总计面积达 880 万 hm^2,形成了国家公园系统,规模宏大。

(六)苏联园林

苏联在 19 世纪初的古典园林受意大利、法国规则式园林影响颇深,在园林中有明显的中轴线,宽阔的绿化广场和林荫道,主体建筑前均有气魄雄伟的规则式露坛、喷泉群和水池、水渠。另外,在民间却形成一种富有民族风味的俄罗斯风景园,其特点是尽量保持自然景观。

二、近代国外园林绿地发展的特点

(1)城市绿地指标普遍较高。美国城市规划要求公园面积每人 40 m^2,英国要求 24 m^2,日本要求 9 m^2。

(2)重视发挥绿地的综合功能,形成城市的绿地系统。日本强调"城市林带"的森林机体功能的综合发挥,提出绿地应是绿环加绿带,形成系统理论。苏联强调"绿色走廊",注重行道树、林荫道、防护林带在构成绿地系统中的作用。美国已经形成国家公园系统。

(3)城市园林绿地分布不均匀。

(4)郊区公园发展迅速。

(5)重视风景资源的自然保护,发展国家公园。

(6)重视各名胜古迹的自然保护。

(7)重视城市用地的绿色覆盖。

(8)重视把体育运动与绿地结合起来。

第三章 园林绿地的功效

第一节 园林绿地的概念

一、什么是绿地

凡是种植树木花草形成的绿化地块称为绿地。当然,也并非全部用地皆绿,一般指绿化栽植占大部分的用地。绿地的大小相差悬殊,小的如宅旁绿地,大的如风景名胜区。绿地的设施质量高低相差也很大,精美的如古典园林,粗放的如卫生防护林带等。绿地可以具有多种多样的目的和功能,不但市区和郊区各种公园,乃至森林公园属于绿地,卫生防护林带、墓园地也属于绿地,还有工矿企业、机关、学校、部队等单位的绿地,郊区的苗圃、果园、茶园等也是绿地。

二、绿地与园林的区别

首先,绿地的含义比园林广泛,园林必可供游憩,且必是绿地;而绿地不一定是园林,也不一定可供游憩,如果园、苗圃是绿地,但不是园林,不能供人们游憩。

其次,绿地和园林的设施质量要求不一样,绿地的设施质量有高有低,相差悬殊,而园林的设施质量却要求较高,必须具备优美、舒适的条件,以便供给人们休息、游玩。可以说园林是绿地中设施质量与艺术标准较高、环境优美,可供游憩的部分。

三、什么是城市园林绿地

城市园林绿地既包括了环境和质量要求较高的园林,又包括了居住区、工矿企业、机关、学校、街道、广场等普遍绿化的用地。

第二节 园林绿地的功能和作用

园林绿地在居民的生活、工作、休息和文娱活动及健康方面的作用是多种多样的。

一、改善卫生、保护环境和保持生态平衡

(一)净化空气

新鲜空气是人类维持生命所不可少的,但城市由于燃料燃烧和人类呼吸排出大量的二氧化碳,燃烧石油和煤还会排出二氧化硫,有的工业还会放出氟化氢、氯气等,这些气体都是有危害的。人们生活在带有这些有害气体存在的空间中,身体健康状况都不同程度地要受到影响,严重的甚至要危及生命。绿色植物对这些有害气体具有不同程度的吸收

和净化作用。

1. 吸收二氧化碳,放出氧气

二氧化碳浓度达到一定程度就会影响人的健康,甚至致人死亡。大气中二氧化碳含量通常约0.03%。据试验,当含量达0.05%时,人的呼吸就感到不适;高达0.1%时,就超过卫生允许的浓度了;达到0.2%时,就会发生头晕耳鸣、心悸和血压升高;当达到4%时,就会呼吸停止,及至死亡。而当空气中缺少氧气时,则感到呼吸困难或窒息。

凡含有叶绿素的植物,在阳光作用下能进行光合作用,从空气中吸收二氧化碳,放出氧气,而城市中不断排出二氧化碳废气,同时需要补充大量的氧气,因而植物是制造氧气的天然工厂,又是二氧化碳的天然消耗者。在这一点上,人类与植物保持着生态平衡的关系。

据估计,地球上60%以上的氧气来自陆地上的植物。1971年日本资料报道,每公顷森林每天可吸收二氧化碳约1 000 kg,可供1 000人呼吸之用。德国柏林中心公园试验指出,每公顷公园绿地每天可吸收二氧化碳900 kg,生产氧气600 kg。因此,城市种植绿色植物是解决二氧化碳过量、缺少氧气的积极措施。

2. 吸收有害气体

有害气体有二氧化硫、氟化氢、氯气、氯化氢、氨气以及汞、铅的蒸气等。燃烧石油和煤会排出二氧化硫,塑料工业会排出氟化氢、氯化氢、氯气,这些气体危害十分严重。一般城市中以二氧化硫污染最为普遍,每燃烧1 000 kg煤要放出二氧化硫16～17 kg,石油燃烧排放的更多。当大气中二氧化硫含量高达10×10^{-6}时,就会使人不能长时间工作了;到400×10^{-6}时,则人就会很快死亡。氟化氢毒性比二氧化硫还大20倍。

尽管植物对这些有害气体的忍受也有限度,但只要不超过限度,那么对许多有害气体既有吸收作用,又有抗性。例如,1 hm^2的柳杉林,每年可吸收二氧化硫达720 kg。北京园林局等单位进行了叶片含硫量的分析,发现阔叶树比针叶树能吸收更多的二氧化硫,并且抗二氧化硫能力较强,也有较强的吸收二氧化硫的能力。

3. 吸滞烟尘、粉尘

城市中有飞扬的粉尘和工业粉尘、烟灰,其中直径大于10 μm的称为降尘,直径小于10 μm的长期飘浮在空气中,称为飘尘。

粉尘中大量是飘尘,飘尘被吸进肺部,附着于肺细胞上,容易发生尘肺、硅肺和肺癌等疾病。据报道,美国工业城市呼吸道疾病大于农村的4倍。

烟灰尘土还会减低太阳照明度和辐射强度,使人得气管炎、支气管炎等疾病。由于烟灰尘土减低照明度,缺少紫外光,儿童还易得佝偻病。佝偻病也叫软骨病,是婴儿或儿童容易得的一种病,多由缺乏维生素D,肠道吸收钙、磷的能力降低引起,症状是头大、鸡胸、驼背,两腿弯曲,腹部膨大,发育迟缓。

英国伦敦1952年2周内,家庭燃煤粉尘致害死亡4 000多人,成了骇人听闻的"烟雾事件"。

绿化植物因它的树冠占地面积大,许多植物叶面、树枝表面毛糙,有的还有茸毛,所以是阻滞过滤和吸附烟灰粉尘的优良材料。绿地可降低风速,随着风速的降低,使空气中的尘埃下降。植物的叶子表面不平或多绒毛,以及能分泌黏性物质,可以吸附大量飘尘,树皮凹陷部分也可落入尘埃。这样空气通过绿地时,就好像是经过雨露冲刷后,又能再次恢

城市园林绿化规划设计

复滞尘作用。据测定,绿地中空气含尘量较城市街道少 1/2 ~ 1/3,绿地的降尘量为 50 ~ 60 g/m²,非绿地降尘量为 800 g/m²,相差 15 倍。这些均表明绿地上的降尘量和飘尘量比空旷地有显著的减少,可见绿地防除各种灰尘的作用是很大的。

裸露的土壤在旱季和冬季刮风时会扬起大量尘土,为防止尘土被风扬起,最好种植草或其他地被植物覆盖地面。植物根系与表土牢固结合,可以有效地防止风吹起尘埃的多次污染,且茎叶的生长同样可以滞留大量的尘埃。例如,生长茂密的野牛草,其叶面积的总和为占地面积的 19 倍。

4. 杀菌作用及其他

空气中通常有不同的细菌近百种,有的还是病原菌。不同性质的地区,空气含菌量有明显差别。有人调查,森林外每立方米细菌含量为 3 万 ~ 4 万个,而森林内仅有 300 ~ 400个。法国一个资料统计,百货大楼内每立方米空气细菌达 400 万个,花园路(林荫道)上有 58 万个,公园上空有 1 000 个,而林区仅有 55 个。绿地中含菌量少有两方面原因:一是绿地的空气中灰尘少,含菌量减少;再一个是植物有杀菌作用。

许多植物都能分泌出强大的杀菌素,有杀死细菌、真菌和原生动物的能力。植物杀菌素是植物保护自身天然免疫性因素之一。不同植物的杀菌作用是不同的,如城市中常见的悬铃木,叶子 3 min 可杀死原生动物,柠檬桉叶子也是 3 min,紫薇、松柏、白皮松则是 5 min,柳杉 8 min,雪松 10 min。

另外,绿地植物还能减少汽车排放的光化学烟雾污染等。

(二)净化水体、土壤等

许多水生和沼生植物对净化污水有明显作用。例如,芦苇能吸收酚及其他 20 多种化合物,每平方米土地上生长的芦苇一年内可积聚 6 kg 的污染物质,还可以消除水中的大肠杆菌;水葫芦能从污水里提出银、金、汞、铅等物质;其他像莲藕、慈菇、茭白等都具有净化污水的作用。

(三)改善城市小气候

小气候是指由地面属性的差异或人为因素影响所造成的局部地区的气候。它直接随作用层的属性和空气布局的不同而不同,如植被特征、地面材料、阴阳坡、迎背风及小地形等因素不同,则小气候也不同。实践证明,适当设计城市园林绿地,可以有效地调节和改善城市小气候。

1. 对温度的影响

温度过高过低人都有不舒适的感觉。人感觉最舒适的气温一般是 18 ~ 20 ℃。许多园林绿地都有冬暖夏凉的特点,这与园林植物、水体的作用密切相关。据北京园林局测定,7 ~ 8 月间柏油路面的温度是 30 ~ 40 ℃,而裸露的草地却只有 22 ~ 24 ℃。

(1)对物体表面温度的影响。在园林绿地中,夏季植物表面比建筑物、铺装路面和裸露泥地表面温度低。夏季草地表面温度比裸露泥地表面温度低 6 ~ 7.5 ℃,比柏油路表面温度低 8 ~ 20.5 ℃。墙面有藤本植物垂直绿化的表面温度比没有绿化的红砖墙表面温度低 5 ~ 9 ℃,比柏油路表面低 7 ~ 22 ℃。所有草地、树叶表面温度都比气温低,但冬季草地足球场的表面温度比裸露无草的足球场表面温度平均高 4 ℃以上。

(2)对气温的影响。绿地在夏季可以降低气温,在冬季尚可稍微提高气温,能起冬暖

夏凉的良好作用。据测定,夏季林中树荫下的气温要比无树地带的城市气温低3 ℃;草地上游人身高处气温要比柏油路上行人身高处气温低2～3 ℃。冬季林地内空气的散热较无林的城区散热要少0.1～0.5 ℃。

(3)对太阳辐射温度的影响。夏季在树荫下和直射阳光下,人身能感觉到巨大的降温作用。这种温度感觉差异并不仅仅是2～3 ℃的气温差异决定的,而主要是由太阳辐射温度决定的。经辐射温度计测定,夏季树荫下的太阳辐射温度要比阳光直射的太阳辐射温度低30～40 ℃之多。

2. 对湿度的影响

空气湿度过高,易使人厌倦疲乏,过低则会干燥。一般认为最舒适的相对湿度为30%～60%。绿地,尤其是种植树林,叶片蒸发面积较它们所占土地面积要大得多,故能大量蒸发水分,因而绿化地带空气中的相对湿度和绝对湿度都比非绿地为大。如,1 hm² 水青岗林夏天每日能蒸发2 600 kg水;1 hm² 加拿大杨林夏天每日能蒸发5 700 kg以上的水。一般夏季园林绿地较空旷地相对湿度大12%,所以绿地是能提高空气的湿度的。我国北方城市气候干燥,因而绿化对其重要性更大,特别是新疆、西北地区更为重要。

3. 对气流的影响

城市带状绿地,包括城市道路与滨河绿地是城市绿色的通风走廊,特别是带状绿地的方向与季风一致的话,更能为城市创造炎夏通风的良好条件。这是因为城市绿地与建筑地段存在着温差,在盛夏时,建筑地段的热空气不断上升,绿地中凉空气顺着季风向建筑地段补充流动,这就形成了微风,同时调节了城市气温。另外,如果垂直于冬季寒风向种植林带,冬季可以防风。

(四)降低城市噪声

城市噪声严重影响人们的工作生活环境,影响居民健康。如果长期处于90 dB以上的噪声环境工作,就有可能发生噪声性耳聋。城市中建造防音林是减弱城市噪声的重要措施之一。南京市的工农路绿化,配植有雪松、水杉、薄壳山核桃和大叶黄杨。经测试,噪声衰减值达8.5 dB。日本调查指出,40 m宽的林带可降低噪声10～15 dB。

(五)蓄水保土、保持生态平衡

绿化植物对保护自然景观、保护水库、防止水土流失有着巨大意义。自然降雨中有15%～40%的水量被树冠所截留或蒸发,有5%～10%的水量被地表所蒸发,地表的径流量仅占0～1%,占50%～80%的水量被林地上一层厚而松的枯枝落叶所吸收,然后逐步渗入土壤中变成地下水。这种水经过土壤、岩层的不断过滤,就变成清水流向下坡或泉池溪涧,这也就是组成山林名胜古迹,如黄山、泰山、雁荡山、莫干山、虎跑等泉、瀑,水源长流终年不竭的原因之一。由于绿化植物能蓄水保土、防止水土流失,对维持自然界的生态平衡具有很大的作用,它弥补了由于人们在改造大自然中所造成的或多或少的水土流失。

二、满足使用功能

城市园林绿地的使用功能与社会制度、传统历史、民族习惯、科学文化、经济生活及地理环境等有密切的关系。具体地讲,城市园林绿地有以下的使用功能。

（一）日常游憩活动

人们在参加生产劳动或工作之后,总是要做些游憩活动和进行锻炼身体来调节生活,以恢复精神,消除疲劳。这些户外活动必须有个场所,这样的场所要求清洁卫生、空气新鲜、环境优美,只有园林绿地才能满足这样的要求。

作为休息地,对居民最方便的莫若居民区、街坊内或街道绿地,但要找风景优美、景色宜人且安静的地方去休息、观赏,就得到公园里去。

园林绿地中日常游憩活动种类很多,可分为动、静两类,具体包括:

（1）文娱活动:棋艺、音乐、舞蹈、戏剧、电影、绘画、摄影等。

（2）体育活动:田径、游泳、球类、体操、武术、气功、划船、溜冰、滑雪、登山、钓鱼等。

（3）儿童活动:滑梯、转椅、摇船、荡秋千、钻洞、爬梯绳、乘小火车等。

（4）安静休息:散步、坐息、品茶、赏景、静思、野餐、写生等。

（二）文化宣传、科普教育

城市园林绿地既是进行形象生动的文化宣传、科普教育的好场所,又是研究地质地貌、动物、植物的科学基地。如综合性公园、名胜古迹风景点,都普遍地设置了各种内容的展览馆、陈列室、纪念馆、宣传廊、园林题咏等,形式多样生动,为广大群众所喜闻乐见,深受欢迎,收效很好。至于动物园、植物园、自然保护区和具有特殊地质地貌的风景区,又为科学考察、科学研究提供了良好的条件。

当人们在宛如迷宫的桂林芦笛岩、宜兴岩洞等游览时,即可接受到一次生动的岩溶地貌（也叫"喀斯特"现象）科普教育;参观动物园可得到形象的动物科普知识;同样,植物园可对人们进行植物的科普宣传。参观园林中名胜古迹,则更可在游憩之中增进我们对古代文化艺术、技术的欣赏和了解。以上种种文化宣传与科普教育,都是在游憩活动中进行的,形象、生动、活泼。

（三）旅行游览

第二次世界大战后,世界上的旅游事业得到了蓬勃发展,在国民经济中占据日益重要的地位,引起各国政府的重视。据世界旅游组织（WTO,World Tourism Organization）报道:世界跨国旅游人数 1977 年为 2.45 亿人次,2001 年为 7.05 亿人次,2005 年为 8.08 亿人次。我国历史悠久,文物、风景资源极为丰富,东方民族形式的园林艺术又久负盛名,加上建设成就的日新月异,国外旅游者都盼望来华参观,游览秀山丽水、古典园林和名胜古迹。据国家旅游部门统计:外国到我国的入境旅游人数 1995 年为 588.67 万人次,1999 年为 843.23 万人次,2000 年为 1 016.04 万人次,2001 年为 1 122.64 万人次,2002 年为 1 343.95 万人次,2004 年为 1 693.25 万人次。而中国的入境旅游人数则在 2004 年首次突破 1 亿人次,达 1.09 亿人次。2004 年,中国国内旅游人数更是突破 10 亿人次大关,达到 11.02 亿人次,国内旅游收入 4 711 亿元人民币,分别比上年增长 26% 和 36%。中国公民出境人数为 2 885.29 万人次,比上年增长 42%。中国已成为亚洲地区快速增长的新兴客源输出国。而到了 2011 年,中国人均入境过夜人数已高达 5 758 万人次,跃居全球第三大入境旅游接待国;出境旅游人数 7 025 万人次,跃居全球第四大出境旅游消费国。2011 年的国内旅游人数也高达 26.4 亿人次,旅游业总收入达 2.25 万亿元人民币,占当年 GDP 的 4.77%。如果加上入境旅游收入的 485 亿美元,则全行业旅游总收入达 2.56

万亿元人民币,占当年 GDP 高达 5.43%,已经超过国民经济支柱产业的 GDP 占比 5% 的指标,真正成为了中国大陆地区的国民经济支柱产业。

我国城市园林和自然风景名胜区为国内外人士所向往。如桂林山水、黄山奇峰怪石、泰山日出、峨嵋佛光、庐山云雾、青岛海滨、松花江畔、秦始皇陵、万里长城、西湖胜迹、太湖风光、苏州园林、北海银滩、丽江古城、少林寺塔、普陀胜景、千岛湖光、雁荡山奇,等等,均是人们向往之地。今后,随着我国人民物质文化生活水平的提高,国内旅游事业也将日益发展,园林和风景名胜区的旅游功能将会得到更大的发挥。

三、美化市容

园林绿地是美化市容、增加建筑艺术效果、丰富城市景观的主要素材。园林绿化增加了城市建设的艺术效果,为城市披上了绿装,为景观锦上添花,使环境自然优美。园林绿地与城市建筑群取得有机联系,绿荫覆盖,郁郁葱葱,使城市变得更加生动、活泼、自然、美丽,许多风景城市,如北京、南京、杭州、苏州、桂林、青岛、哈尔滨等,园林绿化与城市建筑群有机联系,显得十分协调,取得添景生色的美化功效,而这些均是与城市园林绿化系统的整体规划布局分不开的。如青岛海滨瓦屋顶高低错落的建筑群,掩映在山丘的绿树丛中,呈现了青岛城市特有的自然风光。再如上海密集的高层建筑群,注意街景,千方百计搞绿化,充分利用道边转角辟建小游园,既有街道绿带,又有开放和封闭的绿化点,使城市增加了生气。又如南京市许多街道的绿化很突出,虽人在城市活动,犹如在景色美丽的绿色走廊里生活。苏州古典园林以幽雅取胜,而广州南国风光却以岭南庭园著称。所以,城市建筑与园林绿化是互为依存烘托的,下面具体讲讲绿地是怎样美化市容的。

(一)城市大门的绿化

园林绿地的美化作用首先给人的印象是城市的大门,包括机场、车站以及通往城市的主要干道。这些地段,要给人虽已到达城市,但仍置身于大自然之中的感受,同时要使人感觉到就是这个城市,而不是别的什么城市的独有特色,看到这个城市的风格、色调及建筑群体的轮廓线。

(二)城市街道的绿化

街景市容的美化是值得考究的,由于不同的街道绿化形式,以及不同树种的街道景观,常使街道显得宽广、深远。乔、灌木树叶的颜色以及花卉的色彩,构成形形色色的街景,对街道的气氛调节起到了重要的作用。

(三)城市广场及建筑群体的绿化

城市的广场和各种建筑群体往往需要用绿化来衬托。利用体形、线条、质感(质感是指某种材料本身给人的感受)方面的手法,可以使建筑显得更高耸,也可以缓和建筑物轮廓过分强烈的变化,突出建筑物的个性特征,增加建筑艺术效果,使建筑艺术更能充分表现。

四、安全防护

园林绿地具有避震防火、防御放射性污染和备战防空等作用。

（一）绿地的避震防火作用

绿地的避灾作用过去未被人们所认识。直到日本大正末年，即公元 1920 年 9 月 2 日，日本关东发生大地震，同时引起火灾，城市公园意外地成为避难所，因为这些大面积公园绿地把大火的延烧隔断了。从此以后，公园绿地被认为是保护城市居民生命财产的有效公共设施。1976 年 7 月 28 日，发生于中国唐山的里氏 7.8 级大地震，波及北京，造成 242 769 人死亡。据调查资料表明，当时有 15 处公园绿地总面积 400 余 hm²，疏散了 20 余万居民。同时，由于地震不会使树木倒伏，可以利用树木搭棚，这样一来，绿地就创造了临时避震的生活环境。但是，这里必须要注意公园面积的大小，要求具备避难需要的最低安全界限距离，否则将会造成悲剧。如日本关东大地震时，逃进一家被服厂旧址的38 000人的市民全部被烧死，这是有名的小型公园避难的话柄。当时被服厂旧址总面积为 10 hm²，从周围市街到中心地点的距离约为 130 m，风速为 12 m/s 左右。这说明人在这样的条件下，周围市街一起火就能被烧死，更应该注意的是，被服厂旧址卷起了旋风大火，使受害更加严重。据滕田、浜田研究，认为木结构房屋的避难最低安全界限距离为 300 m，耐火结构的避难最低安全界限距离为 75 m。

许多绿地植物枝叶含有大量水分，一旦发生火灾，可以阻止火势蔓延，隔离火花飞散。如珊瑚树，即使叶片全部烤焦也不会发生火焰。银杏在夏天，即使叶片全部燃尽，仍能萌芽再生。其他如厚皮香、山茶、海桐、槐树、白杨、栓皮栎、八角金盘、东瀛珊瑚等，都是很好的防火树种。园林绿地中的水面则更是很好的天然消防水池了。

（二）绿地的备战作用

城市绿地对空袭时的轰炸目标能起掩蔽作用，并能阻挡炸弹碎片的飞散而降低杀伤力。稠密的林地，在一定程度上可以起到降低核爆炸时发生的光辐射和冲击波的作用，还能吸收部分放射性物质，从而减低放射性污染的危害。所以，绿地是战备的措施之一，许多军事设施的周围都广植树林，军营也特别注重绿化。

冲击波——核爆炸产生的高速高压气浪，遇到各种地形地物时，在朝向爆心的正面受阻而形成反射，使超压增大，冲击波从两侧和顶部绕过时在背部形成减压区，汇合后，超压又会增加，形成增压区。传播速度 30 万 km/s。这样有绿地树林的背部军事区就可降低受害程度。

光辐射——从高温火球中辐射出来的强光和热，以光速直线传播，能被遮挡。这样有绿地树林的背部军事区就同样可降低受害程度。

早期核辐射——爆炸后最初十几秒内从火球和烟云中放出的丙射线和中子流。丙射线以光速、中子流以每秒几千至几万千米的速度传播，但能被物质削弱，几种物质对早期核辐射的削弱情况见表3-1。

表 3-1　几种物质对早期核辐射的削弱情况　　　　　　　　　　（单位：cm）

削弱程度	铁		混凝土		土壤		水		木材	
	丙射线	中子流	丙射线	中子流	丙射线	中子流	丙射线	中子流	丙射线	中子流
剩 1/10	10	15	35	35	50	45	70	20	90	40
剩 1/100	20	30	70	100	100	90	140	140	180	180
剩 1/1 000	30	45	105	105	150	135	210	60	270	120

（三）监测环境污染

植物是有生命的，它和周围的环境有着密切联系，不少植物对环境污染的反应比人和动物要敏感得多。在环境污染的情况下，污染物质对植物的毒害，也同样会在植物体上以各种形式反映出来。植物的这种反映，就是环境污染的"信号"，人们可以根据植物所发出的"信号"来分析，鉴别环境污染的状况。这类对环境污染敏感而发出"信号"的植物称为"环境污染指示植物"或"监测植物"。如雪松对有害气体就十分敏感，特别是春季长新梢时，遇到二氧化硫或氟化氢的危害，便会出现针叶发黄、变枯的现象，在其周围就可找到排放氟化氢或二氧化硫等污染物的污染源。又如落叶松、马尾松、枫杨、加拿大杜仲对二氧化硫反应敏感；唐菖蒲、郁金香、萱草、樱桃、葡萄、杏、李对氟化氢较敏感。

五、创造物质财富

城市绿地在不妨碍满足使用要求、保护环境和美化城市的前提下，结合生产，能够创造物质财富，从而达到经济效益、社会效益和环境效益的统一。

（一）直接生产创造物质财富

园林绿地选择经济性园林植物树种能直接创造物质财富，许多城市经过种植试验后，已取得了可喜的成绩。如南宁市街道上选用四季常青、树姿优美、冠大荫浓的果树——兰果、木菠萝、橄榄等作行道树，受到国内外有关部门的专业人士和广大城市居民普遍赞扬。山西省临汾市利用许多果树作行道树，使得城市一年四季浸泡在花果飘香、风景如画的环境之中，是新兴的利用果树绿化取得成功的好典型，1983年新华社记者曾经采访了该市，赞扬该市是一座秀丽的花果城。南京玄武湖、杭州西湖栽植荷花，生产莲藕，而且西湖藕粉誉满全球，哪个游客到杭州西湖游览，不上湖心亭品尝一杯西湖藕粉，那将是一件非常遗憾的事。所有这些，都是利用经济性园林植物树种直接创造物质财富比较成功的例子。在今后发展城市园林绿化中，应该因地制宜地种植一些有经济价值的园林植物，如果树中的猕猴桃、柑橘、柿子、葡萄、板栗、枇杷、银杏等；木材用树中的松、柏、杉等；油料树种中的油茶、油橄榄、核桃、乌桕等；药用植物中的金银花、七叶树、女贞、合欢树、杜仲、枸杞等；香料植物中的桂花、蔷薇、茉莉、肉桂、广玉兰、白玉兰、玫瑰等；特种经济植物中的茶、桑、竹、樟等。

此外，利用水面养鱼或动物园结合业务饲养经济价值高的动物，如鹿等，都是结合生产直接创造物质财富的好办法。

（二）间接生产增加物质财富

配合搞好旅游业和园林服务业，如养护、维修保养园林绿地，提供发展旅游业的物质基础，搞好饮食小卖、摄影等服务工作，组织展览、演出、游泳、溜冰等群众文化体育娱乐活动等，都是间接生产增加物质财富。

结合业务，发展我国传统的园艺品和工业美术品生产，为内外贸易服务。在有条件的地方和单位，可结合园艺，制作山石和树桩盆景，生产盆花、切花、笼养鸣禽、色鸟、饲养金鱼等。在名胜古迹风景区，还可出售与当地有关的工艺美术品及碑文、字画、拓片、纪念品等，这些都是结合生产创造物质财富的好途径。

第四章　城市园林绿化系统

城市园林绿化用地是城市建设中的一个有机组成部分,其重要性随着城市现代化建设的进展将越来越突出,它与工农业生产、居民生活、城市建筑、道路系统、地上地下管线的布置都密切相关。

随着我国国民经济的高速发展,居民生活水平不断提高,城市园林绿化的作用更为显著,对其质量和数量也提出了更高的要求。在今后旧城区的改造和新城区的建设中,城市园林绿化规划的地位必将被提升到新的高度。

实现城市绿化,尤其是园林绿化,成为花园城市,绝不是孤立的一块绿地、一个公园或几条林荫道所能够完成的。因此,为了保证更好地发挥园林绿化综合功能的作用,必须在城市中按照一定的要求来规划安排各类型的园林绿地,使各类园林绿地互相联系,协调配置。只有经过制定规划,有计划、有步骤地进行设计施工的城市,园林绿化建设才能形成一个系统,才能更好地发挥园林绿地综合功能的作用,收到保护环境、发展生产、美化城市、改善居民生活条件的实效。

第一节　城市园林绿化系统规划原则

我国的城市绿地分布,有的是经过长期规划设计,形成系统而建设;有的则是没有计划的少而乱。中华人民共和国成立后,我国不少城市在进行总体规划的同时,也进行了绿化规划,这对城市合理性的建设具有积极的指导作用。但是,在"文革"期间,由于极左路线的干扰,城市绿地遭受摧残,树木被砍,绿地被占,使发展起来的绿化事业倒退了许多年,损失极大。同时,在思想上造成了很大的混乱,把绿化规划工作降低到了极次要的地位,把改善居民生活条件的长远效益放任不管,迁就眼前的利益,造成了不良的后果。

改革开放30年来,随着国民经济的不断发展,城市化日益显得重要,而城市化就必然要求城市的园林绿化工作更上一个新台阶。应该说城市的现代化中,城市园林化是一个非常重要的方面,更应该高度重视城市绿化的规划布局,把城市绿地整顿好,为把我国的所有城市建设成园林化的城市而不懈努力。

一、园林绿化系统规划的基本任务

城市园林绿化系统的规划工作,一般由城市规划部门和园林部门的人员共同协作完成,具体地讲需要做下列工作:

(1)根据当地条件,确定城市园林绿化系统规划的原则。

(2)选择和合理布局城市各项园林绿地,确定其位置、性质、范围和面积。

(3)根据国民经济发展计划、生产和生活水平以及城市发展规模,研究本城市园林绿化建设的发展速度与水平,拟定城市绿化分期达到的各项指标。

（4）提出城市绿化系统的调整、充实、改造、提高的设想，提出园林绿地分期建设及重要修建项目的实施计划，以及划出需要控制和保留的绿化用地。

（5）编制城市园林绿化系统规划的图纸和文件。

（6）对于重点的公共绿地，还可根据实际工作需要，提出示意图和规划方案，或提出重点绿地的设计任务书，内容包括绿地的性质、位置、周围环境、服务对象，估计游人量，布局的形式，艺术风格，主要设施的项目与规模，建设年限等，作为绿地详细规划的依据。

二、城市园林绿化系统规划的原则

对城市园林绿化的系统规划，应考虑以下几个原则。

（一）城市园林绿化规划应该结合城市其他组成部分的规划来综合考虑，全面安排

比如说，城市规模的大小、性质、人口数量，工矿企业的性质、规模、数量、位置，公共建筑、居住区的位置，道路交通运输条件，城市水系，地上地下管线工程的配合，等等。

我国耕地少，人口多，城市用地紧张，要注意少占良田、好地，尽量利用荒山、山岗、低洼地和不宜建筑的破碎地形等布置绿地，还要合理选择绿化用地。城市绿地的资源和投资都是有限的，因此，一方面要尽量争取较多的绿地面积、较高的质量，以满足多功能的需要；另一方面要"先绿后好"，充分利用原有绿化基础，先搞普遍绿化，然后重点提高，逐步实现到处像公园的理想目标。

绿地在城市中分布很广，规划要与工业区、居住区、公共建筑分布、道路系统等规划密切配合、协作。如工业区和居住区的布局，要考虑卫生防护要求的隔离林带的布置。对河湖水系规划时，需要考虑水源防护林带和城市交通绿化带的设置，如果接近居住区，则可结合开辟滨水公园。对居住区的规划，就要考虑小区级游园的均匀分布，以及宅旁庭园绿化布置的可能性。在公共建筑、住宅群布置时，就要考虑到绿化空间对街景的变化，对景点的作用，把绿地有机地组织到建筑群中去。在道路网规划时，要根据道路的性质、功能、宽度、朝向，地上地下管线位置，建筑距离和层数紧密地配合，统筹安排，在满足交通功能的同时，考虑植物生长的良好条件。

（二）城市园林绿化系统规划必须结合当地特点，因地制宜，从实际出发

（1）因地制宜。我国地域辽阔，地区性强，各地城市自然条件差异很大，同时各地城市现有条件、绿地基础及性质特点各有不同，所以各类绿地的选择、布置方式、面积大小、定额指标的高低，都要从实际出发，切忌生搬硬套，致使事倍功半，甚至事与愿违。选择树种方面也要结合本地原则出发。

（2）从实际出发。如有的城市名胜古迹多，自然山水条件好，绿地面积就要大些；北方城市风沙大，必须设立防护林带，如天津、沈阳、北京、唐山、张家口；有的城市夏季气候炎热，应该考虑通风降温的林带，如南京、武汉、南昌、金华、丽水；植物种类丰富，自然条件好的城市，如广州、南宁、昆明、桂林、北海，绿化质量就要高些；有的旧城市建筑密集，空地少，绿化条件差，就得充分利用边角地、路旁空地，多设置小游园、小绿化带和进行垂直绿化，如上海、天津、香港、澳门、大理；工业化程度高的城市，就要强调设置工业隔离绿化带，做到因害设防，减少环境污染。

（三）城市园林绿地应该均匀分布，比例合理，满足居民休息和游览的要求

多数城市的公园分布，由于历史的原因，很难做到均匀合理。原则上讲，应该根据城区的人口密度来配置相应数量的公共绿地，但往往人口密度大、建筑密集地区的绿地却很少，如天津的和平区公共绿地只有 0.21 m²/人。国外市中心人口密集地段都尽量多开辟绿地，如美国纽约市中心建筑密集区的绿地就有 3 m²/人。

根据天津市的经验，要建一个大公园，至少需投资 4 000 万元，同时由于征地、施工力量等问题，造成建设进度缓慢。而建一个小型公园，平均每亩只需 40 万~50 万元，还有以下好处：

（1）投资少，建成周期短；

（2）美化街景和市容，改善城市环境；

（3）接近居民区，方便老年人及儿童的活动休息，利用率大；

（4）便于发动居民群众参加建园、管理和保养工作；

（5）有利于就近避灾（防火必须有最低的安全界限距离）、防空。

联合国出版的一份有关城市绿地规划的报告中，把绿地分为 5 级，每级规定面积、每人定额见表4-1。

表4-1　1973 年联合国出版《城市土地政策及城市土地利用管理措施》第三卷西欧提出的绿地分级

分级	公园类型	距住宅（km）	面积（hm²）	m²/人	说明
1	住宅区公园	0.3	1	4	相当于小区游园
2	小区公园	0.8	6 ~ 10	6	相当于居住区游园
3	大区公园	1.6	30 ~ 60	16	相当于区级公园
4	城区公园	3.2	200 ~ 400	32	相当于市级公园
5	郊区公园	6.5	1 000 ~ 3 000	65	相当于我国风景区

综合以上分析，可以将此原则归纳为三个结合，即点（公园、游园、花园）、线（街道绿地、游憩林荫带、滨水绿带）、面（分布广大的整块绿地）相结合，大、中、小相结合，集中与分散相结合，构成有机整体。

（四）城市园林绿化系统规划既要有远景的目标，又要有近期的安排，做到远近结合

绿化规划要充分研究城市远期发展的规模，包括居民生活水平逐步提高的要求，不能使今天的建设成为明天的障碍。因此，要从长远着眼，近期着手，分清轻重缓急，要有近远期过渡措施。例如，建筑密集，质量低劣，卫生条件差，居住水平低，则在结合旧城市改造中，新居住区的规划必须留出适当的绿化保留地。规划中为远期公园的地段，可于近期内辟作苗圃，既能为将来改造成公园创造条件，又可防止被其他用地侵占，起到控制的作用。如哈尔滨动物园就是原苗圃改造成的。又如西安市被荒芜了的大、小雁塔等名胜古迹，在新中国成立初期划出相当用地作苗圃，以后逐步建设成游览风景区就是很好的例子。

19

　　我国是有上下五千年历史的文明古国,名胜古迹很多,不仅有较高的文化艺术价值,而且是进行历史唯物主义教育的好教材,在园林绿化规划中要密切结合起来,努力发掘,积极保护,充分利用,使之为国家城市建设、为劳动人民游憩、为发展旅游事业服务,这是一举多得、行之有效的好方法。如北京市属 14 个大公园中就有 12 个是在原有名胜古迹的基础上形成的。

　　另外,我国森林面积少(全国森林资源每人只有 1.5 亩),在城市边缘更缺乏真正的森林公园(昆明的西山可称为真正的森林公园)。在国外,很重视森林公园和国家公园的开辟,现在已成为不少国家园林绿化建设的一种发展趋向,其中美国走在最前面,现在已经开发了 50 多个国家公园(见表4-2)。我国山区城市,有条件的应该尽快考虑。可喜的是,2008 年,中国终于批准建设首个国家公园——黑龙江汤旺河国家公园。2008 年 10 月14 日的一份批文,上面写着:"经过环境保护部和国家旅游局联合批准,我国第一个国家公园在黑龙江汤旺河正式挂牌成立。"

表 4-2　美国国家公园一览表

公园名称	面积(km²)	建设时间(年)	所在位置	说明
黄石国家公园 (Yellowstone National Park)	7 988	1872	位于美国中西部怀俄明州的西北角,是世界上第一个国家公园,也是美国最早建立的最大国家公园。后来成为第八大国家公园	1978 年被列为世界自然遗产,公园中心的黄石湖是全国最大的山湖,又是密西西比河的发源地,湖水经过一个缺口流入黄石大峡谷,呼啸而下,形成著名的黄石大瀑布
阿卡迪亚国家公园 (Acadia National Park)	168	1916	位于缅因州大西洋沿岸,弗伦奇曼湾两侧,距波士顿行车距离不到 6 个小时	美国境内唯一的集聚大海、高山、湖泊、树林的国家公园。园中的卡迪拉克山主峰是北美大西洋沿岸最高峰
美属萨摩亚国家公园 (American Samoa National Park)	36(其中水域面积近30%)	1988	地处火奴鲁(檀香山)以南大约 3 700 km 的太平洋海域,在赤道与南回归线之间	主要岛屿有图图伊拉岛(Tutuila)、奥福岛(Ofu)和塔乌岛(Ta""u)
拱门国家公园 (Arches National Park)	309.7	1971	位于犹他州东部的科罗拉多高原上	公园中的岩拱编入目录的超过 2 000 个,其中最小的只有 3 m 宽,最大的风景线拱则长达 93 m

公园名称	面积（km²）	建设时间（年）	所在位置	说明
恶土国家公园（Badlands National Park）	988	1978	位于美国南达科他州（South Dakota）西南部，由于该公园拥有规模最大的荒芜地形，所以被冠以"恶土国家公园"之名	恶土国家公园主要被分为南北两区，恶土风景主要在南区
大转弯国家公园（Big Bend National Park）	3 238	1944	位于得克萨斯州西南的大转弯地区，是得克萨斯州最大的国家公园	大转弯是由格朗德河切割南落基山脉形成的几乎呈直角的峡谷
比斯坎国家公园（Biscayne National Park）	7 300（95%的面积被水覆盖）	1980	位于佛罗里达州东南部靠近霍姆斯特德，是美国国家公园系统中最大的海洋公园	公园内拥有美国最北端的珊瑚礁和各种海洋资源
甘尼逊黑峡谷国家公园（Black Canyon of the Gunnison National Park）	123	1999	位于科罗拉多州西部	
布莱斯国家公园（Bryce Canyon National Park）	145	1928	位于美国犹他州西南部	
峡谷地国家公园（Canyon Lands National Park）	1 366	1964	位于犹他州莫阿伯（Moab）西南	犹他州5大国家公园中面积最大的一个，公园分为三个区域：天空之岛（Island in the Sky），针尖（Needles），迷宫（Maze）
圆顶礁国家公园（Capitol Reef National Park）	979		位于美国犹他州中部	
卡斯白洞穴国家公园（Carlsbad Caverns National Park）	189		位于美国新墨西哥州南部	
海峡岛国家公园（Channel Islands National Park）	1 008		位于美国加利福尼亚州太平洋东岸	
康加里国家公园（Congaree National Park）	89		位于美国南卡罗来纳州	

公园名称	面积(km²)	建设时间(年)	所在位置	说明
火山湖国家公园（Crater Lake National Park）	741		位于美国俄勒冈州西南部	
库雅荷加谷国家公园（Cuyahoga Valley National Park）	136		位于美国俄亥俄州北部	
大沼泽国家公园（Everglades National Park）	6 100	1947	位于佛罗里达州南部靠近霍姆斯特德，是世界上最大的淡水沼泽地之一	1976 年 10 月 26 日被列为生物圈保护区和世界遗产地，1987 年 6 月 4 日列为国际重要湿地
死谷国家公园（Death Valley National Park）	13 759		美国加利福尼亚州东部	
迪纳利国家公园（Denali National Park）	24 700	1817	位于阿拉斯加州中南部，靠近迪纳利帕克	1976 年被列为国际生物圈保护区，迪纳利国家纪念地于 1978 年宣告成立，1980 年两个公园合并成为迪纳利国家公园和保护区
海龟国家公园 Dry Tortugas National Park	262		位于美国佛罗里达南端的墨西哥湾	
北极之门国家公园（Gates of the Arctic National Park）	34 398		位于美国阿拉斯加州北部	
冰川国家公园（Glacier National Park）	4 100	1910	位于蒙大拿州的西北部，靠近西格莱西尔	1976 年被列为生物圈保护区，1995 年被列为世界遗产地
冰川湾国家公园（Glacier Bay National Park）	13 274		位于美国阿拉斯加州南部沿海	
大峡谷国家公园（Grand Canyon National Park）	4 925		位于亚利桑那州的科罗拉多河上	
大提顿国家公园（Grand Teton National Park）			位于怀俄明州	

公园名称	面积(km²)	建设时间(年)	所在位置	说明
大盆地国家公园 (Great Basin National Park)	312		位于美国内华达州东部	
大沙丘国家公园 (Great Sand Dunes National Park)		2004	位于科罗拉多州南部	美国目前最年轻的国家公园,于2004年从国家保护区升格为国家公园
大雾山国家公园 (Great Smoky Mountains National Park)	2 100	1926	位于田纳西州东部和北卡罗来纳州西部的交接处,靠近田纳西州的盖特林堡和北卡罗来纳州的切罗基	1976年被列为生物圈保护区,1983年被列为世界遗产地
瓜达卢佩山国家公园 (Guadalupe Mountains National Park)	350		位于美国的得克萨斯州西部	
哈来亚咔拉国家公园 (Haleakala National Park)	122		位于美国夏威夷毛伊岛	
夏威夷火山国家公园 (Hawaii Volcanoes National Park)	878		位于美国夏威夷	
温泉国家公园 (Hot Springs National Park)	22		位于美国阿肯色州西部的温泉镇,距离小石城大约50英里	
罗亚岛国家公园 (Isle Royale National Park)	2 314		美国密歇根州苏必利尔湖中	
约束亚树国家公园 (Joshua Tree National Park)	3 200	1994	位于加利福尼亚州东南部,靠近二十九棵棕榈树	1936年被列为国家纪念地,1984年被列为生物圈保护区
卡特迈国家公园 (Katmai National Park)	16 552		位于美国阿拉斯加州西南部	
奇奈峡湾国家公园 (Kenai Fjords National Park)	2 456		位于美国阿拉斯加安克雷奇以南大约100英里的海边	

公园名称	面积(km²)	建设时间(年)	所在位置	说明
科伯克谷国家公园 (Kobuk Valley National Park)			位于美国阿拉斯加州北部	
克拉克湖国家公园 (Lake Clark National Park)	16 368		位于美国阿拉斯加州西南部	
拉森火山国家公园 (Lassen Volcanic National Park)	431		位于美国加利福尼亚州北部	
猛犸洞国家公园 (Mammoth Cave National Park)	214		位于美国肯塔基州	
台地国家公园 (Mesa Verde National Park)	210.7	1906	位于美国科罗拉多州西南部蒙特苏马山谷和曼科斯山谷之间	1888 年 12 月发现,为北美印第安人史前居住地遗迹保留地
雷尼尔山国家公园 (Mount Rainier National Park)	953		位于美国华盛顿州西北部	
北瀑布国家公园 (North Cascades National Park)	2 768		位于美国华盛顿州北部	
奥林匹克国家公园 (Olympic National Park)	3 731		位于美国华盛顿州西北部	
化石林国家公园 (Petrified Forest National Park)	378		位于美国亚利桑那州东北部	
红杉树国家公园 (Redwood National Park)	439		位于美国加利福尼亚州西北部海滨	
落基山国家公园 (Rocky Mountain National Park)	1 075	1915	位于美国科罗拉多州	公园最大的宝藏就是绵延的山脉和清澈的高山湖泊,它也是北美洲的大分水岭
仙人掌国家公园 (Saguaro National Park)	370		位于美国亚利桑那州南部	

续表 4-2

公园名称	面积（km²）	建设时间（年）	所在位置	说明
美洲杉和国王峡谷国家公园（Sequoia Kings Canyon National Park）	3 497		位于加利福尼亚州中东部	
山那都国家公园（Shenandoah National Park）	793		位于美国维吉尼亚州	
罗斯福国家公园（Theodore Roosevelt National Park）	285		位于美国北达可他州西部	
维尔京岛国家公园（Virgin Islands National Park）	53	1956	位于大西洋加勒比海，美属维尔京群岛的圣约翰岛上	在这里受到保护的还有早期加勒比印第安人遗产和丹麦殖民地糖料种植园遗迹
樵夫国家公园（Voyageurs National Park）	882		位于美国明尼苏达州北部，与加拿大交界处	
风洞国家公园（Wind Cave National Park）	115		位于南达科塔州西南	
兰格尔 - 圣伊利亚斯国家公园（Wrangell – St. Elias National Park）	535 000	1980	位于阿拉斯加州东南部，靠近铜业中心，是全美最大的国家公园	1978 年被公布为国家纪念地，1979 年被列为世界遗产地，1980 年被命名为国家公园和保护区
优胜美地国家公园（Yosemite National Park）			位于加利福尼亚州东部	
锡安山国家公园（Zion National Park）	593	1919	位于美国西南部犹他州史普林戴尔（Springdale, Utah）附近	

　　（五）城市园林绿地的规划建设、经营管理，要在发挥其综合功能的条件下，注意结合生产，为社会创造物质财富

　　园林绿地结合生产是我国城市绿地建设的方针之一，必须正确理解，全面贯彻，使园林绿化做到既美观又实惠，为子孙后代造福。

城市园林绿化的主要功能是休息游览、保护环境、美化市容、战备防灾,但要在满足上述功能的同时,尽量因地制宜地栽种经济性花木、果树、药材、木本粮油及芳香类等树种,为国家建设创造尽量多的物质财富。

第二节　城市园林绿地类型

一、城市园林绿地的分类方法及类型

(一)城市园林绿地分类的基本要求

现在我国城市园林绿地还没有一个统一的分类方法,根据不同的目的有许多分类方法,但根据城市规划及园林绿化工作的需要,分类应符合下列基本要求:

(1)与城市用地分类有相对应的关系,并照顾习惯称法,有利于同总体规划及各类专业规划相配合。

(2)按绿地的主要功能及使用对象区分,有利于绿地的详细规划与设计工作。

(3)尽量与绿地建设的管理体制和投资来源相统一,有利于业务部门经营管理。

(4)避免在统计上与其他城市用地重复,有利于城市绿地计算口径的统一,也可以使城市规划的经济论证上具有可比性。

(二)城市园林绿地的类型

根据城市园林绿地分类方法的基本要求,可以把城市各种用地分成六大类型:①公共绿地;②居住区绿地;③附属绿地;④道路交通绿地;⑤风景游览绿地;⑥生产防护绿地。

以上六类绿地包括了城市中的全部园林绿化用地。关于城市用地的分类现在还没有一个较为统一合理的方法,暂时引用常用的分类方法。现把各类绿地和城市用地的关系列于表4-3中,以备参考。

二、城市各类园林绿地的特征及用地选择

(一)公共绿地

公共绿地指公开开放的供全市居民休息游览的公园绿地,包括市、区级综合性公园,儿童公园,动物园,植物园,体育公园,纪念性园林,名胜古迹园林,游憩林荫带,以及花园等几种。

1.市、区级综合性公园

市、区级综合性公园指市、区范围内供居民进行休息、游览及文化娱乐活动的综合性的大、中型绿地。大城市可设置一个至数个为全市服务的市级公园,每区可设置一至数个区级公园,中小城市可能只有市一级的综合性公园。市级公园面积一般在 $10 \sim 100 \ hm^2$,居民搭乘公交车30分钟可到达。区级公园面积 $10 \ hm^2$ 左右,步行20分钟可到达(即服务半径1 km左右),可供居民半天到一天的活动。

表4-3　各类绿地与城市用地的关系

城市绿地分类		工业用地	仓库用地	对外用地	居住用地	公共建筑用地	道路广场用地	绿化用地	其他用地	公共事业用地	大学科研用地	非市属行政用地	全市性干道用地	军事用地	郊区用地
					生活居住用地										
公共绿地	市区级综合性公园							△							
	儿童公园							△							
	动物园							△	△	△	△				△
	植物园							△	△		△				△
	体育公园							△	△		△				△
	纪念性园林							△	△	△					△
	名胜古迹园林							△	△	△					△
	游憩林荫带							△	△				△		
居住区绿地	居住区游园				△										
	小区游园				△										
	宅旁绿地				△										
	居住区公建庭园				△										
	居住区道路绿地				△										
附属绿地	工业仓库绿地	△	△												
	公用事业绿地									△					
	公共建筑庭园					△					△	△			
道路交通绿地	道路绿地			△			△						△		
	公路铁路防护绿地			△											△
风景游览绿地	风景游览区														△
	休养疗养区														△
生产防护绿地	苗圃、花圃								△						△
	果园、林场														△
	卫生防护林	△	△						△						△
	风沙防护林														△
	水源防护林														△
	绿地水土保持林														△

这种综合性公园规模较大,内部设施较为完善,质量较好,常设有陈列馆、露天剧场、音乐厅、俱乐部等,也可能有游泳池、溜冰场,一般都有茶室、餐馆。园内有较明确的功能分区,如文化娱乐区、体育活动区、安静休息区、儿童游戏区、动物展览、园务管理区等。要求园内有风景优美的自然条件,丰富的植物种类,开阔的草地与浓郁的林地,四季景观变化丰富多彩。所谓市级与区级,主要是根据其重要性和服务范围,从经营管理体制来划分的。如北京的中山公园和日坛公园,面积都是 20 hm² 左右,中山公园比较有名气,处在市中心,为全市服务,就划为市属;日坛公园处在郊区,主要为附近群众服务,就划归区管理。

广西的北海市中山公园也是比较典型的市级综合性公园,位于北海市中心北部湾中路,始建于 1928 年,因纪念孙中山而得名,是北海市历史最长、功能较为完善的综合性公园,2003 年开始免费向市民开放。公园现有面积 12.14 hm²,设有儿童游乐区、文化娱乐区、老人活动区、动物展区、"园中园"盆景区、园务管理区等功能区,保护利用总体良好。公园内设航天航空馆、海洋水族馆、电动游戏乐园、彩色音乐喷泉以及热带林、椰林、热带植物、棕榈林、藤蔓、玫瑰、牡丹等园区,还有华盛顿、林肯、丘吉尔、甘地、威廉大帝、莎士比亚、贝多芬、孙中山、毛泽东等名人像,及诺贝尔奖获得者、电影明星雕塑。

此外,有的公园虽然不属城建园林部门管辖,但它除供本部门、本行业内部职工使用外,也向广大群众开放,应做综合性公园看待,并统一计在城市公共绿地面积中。如天津二七公园,是铁路部门投资和经营管理的,但它除供铁路系统职工使用外,也向城市居民开放。北京市劳动人民文化宫是工会管理的,以组织职工文化娱乐活动为主,但其绿地面积大,一些游园、演出活动也向广大群众开放。

2. 儿童公园

儿童公园是主要供儿童活动的公园,用地一般在 5 hm² 左右,其位置更要接近居民区,并避免穿越交通频繁的道路。

独立的儿童公园,其服务对象主要是少年、儿童及带领儿童的成年人。园中一切娱乐设施、运动器械及建筑物等,首先要考虑到少年、儿童活动的安全,并有益于健康;要有适宜的尺度、明亮的色彩、活泼的造型、丰富的装饰;栽植的植物要对儿童无害;还要根据不同年龄儿童的生理特点,分别设立学龄前儿童活动区、学龄儿童活动区和幼儿活动区。

3. 动物园

动物园是集体饲养、展览种类较多的野生动物及品种优良的家禽家畜的城市公园的一种,主要供参观游览、文化教育、科学教育、科学普及和科学研究之用。在大城市中一般独立设置,中小城市附设在综合性公园中。

动物园的位置应与居民密集地区有一定的距离,以免疫病传染,更应与屠宰场、动物毛皮加工厂、垃圾场、污水处理厂等保持必要的安全距离。

由于动物搜集不易,野生动物饲养要求比较高,动物笼舍造价高,饲养管理费用大,因此办动物园成本就高,各地必须根据经济力量与可能条件量力而行,且要根据国家有关部门的有关方针政策全国统一规划,逐步建设,重点发展。北京、上海、广州、重庆四市的动物园作为全国综合性动物园,展出动物逐步达到 700 余种;天津、哈尔滨、西安、成都、武汉、杭州六城市的动物园作为地区综合性动物园,展出动物逐步达到 400 余种;其他省会

城市和经济发达的副省级城市的动物园,主要展出本地区特产的动物,控制在 300 种左右。其他中小城市的现有动物园应控制发展,有条件的可在综合性公园内附设动物展览区。县城和建制镇不要新设动物园。

4. 植物园

植物园是广泛收集和栽培植物品种,并按生物学要求种植布置的一种特殊的城市绿地。它是科研、科普的场所,又可供群众游览休息之用,显然不同于苗圃和农林园艺场所。

世界上现存最早的植物园是 1533 年建于意大利北部的帕多瓦植物园,也是欧洲最古老的植物园。英国皇家植物园邱园于 1841 年正式开放。世界最大的加尔各答热带植物园建于 1787 年,1947 年改名为印度植物园。中国最早的植物园有 1929 年建立的南京中山植物园和 1934 年建立的庐山森林植物园;1949 年后,先后在杭州、北京、沈阳、广州及武汉等地建立了植物园。

植物园用地选择要求高,面积也大,位置常远离居住区,至少也要在近郊,有较方便的交通条件,便于群众使用。不要建在有污染工业的下风口和下游地区,以免妨碍植物的正常生长,要有适宜的土壤水文条件。

城市园林部门的植物园,要根据城市园林绿地的需要,广泛收集植物品种,进行引种驯化、培育新品种和综合利用等方面的科学研究,要开放游览,普及植物学知识。植物园的布局要考虑植物生态和地理特点,符合园林艺术要求。要有园林外貌,要设置一些必要的设施,方便游览,增加城市公共游览绿地。

新中国成立后最早建立并对外开放的是杭州植物园,位于杭州西湖之西北,灵隐和玉泉间的丘陵地上。原是一片野草丛生、坟冢累累的荒僻之域。1956 年辟建植物园,是中国植物引种驯化的科研机构之一。总面积 231.7 hm^2。设有植物分类、经济植物、竹类植物、观赏植物、树木、山水园林等九个展览区和四个实验区。我国第一个植物馆也于 1983 年在杭州植物园成立,并对外开放。与杭州植物园同时开辟建园的还有北京植物园和广州植物园。

据统计,目前中国有各类植物园(树木园)234 座,除拉萨外,几乎所有的省会城市均有植物园。一些大型城市植物园得到完善和提高,部分大城市开始建设第二植物园,如上海辰山植物园、重庆南山植物园也列入当地市政府的重点发展项目。许多城市如太原、廊坊、秦皇岛、大同、东莞、郑州等已经规划建设植物园。各种类型的植物园蓬勃兴起,包括民营植物园和专门类型的植物园。中国植物园从部门上,可以划分为科学院、城市、林业、医药、农业、院校、教育、科技以及民营的植物园。

在我国近 234 个植物园中,较大规模的有 30 余个。共保存高等植物约 2 万种,其中属于中国植物区系的种类有 1 万~1.2 万种,有大约 40% 的已知高等植物可以在植物园里找到。每年全国各植物园接待的总游人数量在 1 200 万~1 800 万人次。在未来 10~20 年内,将会有更多的植物园出现,预计每年都会有 1~5 座植物园开工建设。

5. 体育公园

体育公园是供进行体育运动比赛和练习的园林绿地,它是一种特殊的公园,既有符合一定技术标准的体育设施,又有较充分的绿化布置,可供运动员及群众作体育锻炼和游憩之用。

体育公园可以集中布置,因有大量的人流集散,要求与居民区有方便的交通联系,如成都城北体育公园;也可分散布置,比如布置在城市综合公园附近地段,如上海虹口公园旁边的体育场、广州越秀山体育场等。

体育公园用地面积大,一般用地不少于 10 hm²,建设投资也大,根据我国目前情况,大城市也只能设置 2~3 个,其投资、建设、经营管理由各级体育部门负责,或与园林部门共同养护管理。目前,绿化水平很高的、称得上"体育公园"的实际上很少,就是近几年才建设好的丽水市体育馆,由于其绿化率不高,也不能算作严格意义上的"体育公园",只能算作依附在市行政中心边上的综合性公园——处州公园附近的一处体育场馆而已。

今后,随着人民物质和生活水平的提高,体育运动事业的发展,完善的体育公园会逐步发展起来的。

6. 名胜古迹园林

名胜古迹园林是指有悠久历史文化的、有较高艺术水平的、有一定保存价值的古典名胜古迹园林绿地,常是各级文物保护单位,并由文物保护单位负责养护管理,主要是供人们游览休息。如北京颐和园、天坛、北海,苏州的拙政园、留园,杭州的灵隐寺、西泠印社,上海的豫园,南京的瞻园,无锡的寄畅园,承德的避暑山庄,陕西临潼的华清池等。其布局和建筑设施一般不改变原貌,保护文物古迹的风格和结构。

7. 纪念性园林

纪念性园林是指以革命活动故地、历史名人活动旧址及以名人、烈士墓地为中心的园林绿地,供人们瞻仰、凭吊及游览休息之用。如北京的毛泽东纪念堂,南京的中山陵、雨花台,上海虹口公园鲁迅纪念馆及鲁迅墓、宝山烈士陵园,广州的黄花岗烈士陵园,长沙、石家庄、佳木斯的烈士陵园,南昌的八一公园等。

8. 游憩林荫带

游憩林荫带是指城市中有相当宽度的带状公共绿地,供城市居民(主要是附近居民)游览休息之用,可以有小型的游憩设施(如休息亭、廊、座椅、雕塑、水池、喷泉等)及简单的服务设施(如小型餐厅、小卖部、茶馆、摄影部等),如上海肇家滨林荫带。多数游憩林荫带是在城市的河道水域边上,如杭州的湖滨公园、青岛海滨的鲁迅公园、哈尔滨的斯大林公园、上海黄浦江畔的外滩绿地等。

需要注意的是,由于林荫带有城市交通道路通过,所以必须要有专供游览休息的较宽的步行道路。

9. 花园

花园通常是指比区级公园规模次一级的公共绿地,虽然比区级公园要小得多,但能独立存在,不属于某个居住区。花园只有简单设施,可供居民作短时间休息、散步之用,一般面积在 5 hm² 左右,附近居民步行 10 分钟可到达,服务半径不超过 800 m,零散均匀地分布在城市各个区域。如北京的月坛公园、东单公园,上海的淮海公园、交通公园等,虽然习惯上也称公园,实际上因面积小、设施简单,应该属于花园范畴。道路旁边的绿地,有一定的设施,可供短时间游憩的,不论位于道路中间或沿道一侧建筑物之前,均可属于"花园"类的公共绿地之中。如上海江西中路绿地,北京二里沟绿地,丽水白云小区后面的人民路绿地等。

（二）居住区绿地

居住区绿地是指居住用地中除居住建筑用地、居住区内部道路用地、中小学及幼托建筑用地、商业服务等公共建筑用地及生活杂务用地外的可供绿化的那部分用地，一般包括：①居住区游园；②小区游园；③宅旁绿地；④居住区公建庭园（包括中小学及幼托的庭园）；⑤居住区道路绿地。

居住区绿地的功能是改善居住区环境卫生和小气候，为居民日常就近休息活动、体育锻炼、儿童游戏等创造一个良好的条件。因设施简单，养护管理不复杂，我国发展这类绿地的潜力很大。不要看这类绿地不起眼，其实它的分布与绿化水平和居住区规划的优劣有很大关系。它还能体现人们的物质生活水平和精神风貌。以前我国对发展这类绿地不够重视，以致造成许多住宅区成"秃顶"状态，不但不美观，对人们的身心健康也有很大影响。为什么我国的"百岁老人"都在乡村？这和住宅的环境应是很有关系的。今后，应该引起住宅设计工作者的高度重视，留足供绿化所用的用地。近年来，这方面工作得到了很大改善，像丽水这样的新兴城市，市区和云和县城的新建设住宅区都有很好的绿化用地，如云和县城水境佳苑小区就是一个比较成功的案例（见本书附录6）。

（三）附属绿地

附属绿地是指某一部门、某一单位使用和管理的绿地，它不对外单位人员开放，仅供本单位人员游憩之用，是附属于本单位的。附属绿地有以下几种。

1.工矿企业及仓库绿地

工矿企业及仓库绿地是企业的一个重要组成部分，不仅具有环境保护功能、生态功能，还对企业的建筑、道路、管线有良好的衬托遮挡作用，一般包括厂前区绿地、厂区道路绿地、生产区绿地、仓库绿地、堆料场绿地等。

2.公用事业绿地

公用事业绿地是指城市中用于公共管理的那部分绿地，如公共交通车辆停车场、污水及污物处理厂等在内的公共管理事业内部绿地。

3.公共建筑庭园

这里的公共建筑庭园是指居住区级以上的公共建筑附属绿地，如机关、大学、商业服务、医院、展览馆、文化宫、影剧院、体育馆等的内部绿地，不包括开放性的大型体育场馆公共绿地（体育公园）。

（四）道路交通绿地

1.道路绿地

这里的道路绿地是指居住区级道路以上的道路绿地，包括行道树绿地、交通岛绿地、立体交叉口绿地和桥头绿地等。

（1）行道树绿地：城市道路两侧栽植一到数行乔木、灌木的绿地，包括车行道与人行道之间、人行道与道路红线之间及城市道路旁边的停车场、加油站、公共车辆站台等的绿化地段。行道树与其他绿地组成绿地网络，对改善城市卫生条件和美化市容市貌都起着积极作用，树冠浓荫的行道树夏季有遮阴作用，也有利于延长沥青路面的使用寿命。

（2）交通岛绿地：高出路面的"方向岛"（设在交叉口用以指示行车方向）、"分隔岛"（用以分隔机动车与非机动车）、"中心岛"（作为行人过街时避让车辆之用）。这类绿地

除个别外,一般都不能进人。"中心岛"如果面积很大,成为绿化广场,则可供人们进入休息,实际上就成为了公共绿地了,如南京市鼓楼西面的"中心岛"、杭州市的红太阳广场、丽水市的丽阳门广场等。

(3)立体交叉口和桥头绿地:立交桥附近及桥头附近的绿化地段,可以丰富道路桥梁的建筑艺术效果。城市街道的立交或城市道路跨越江河时,大多有一定面积的土地可供绿化,如杭州艮山门铁路公路立交桥、南京长江大桥桥头绿地等。

2. 公路、铁路防护绿地

公路、铁路防护绿地是城市对外交通用地,特别是穿越市区的铁路线两侧,更应该注意沿线设置一定宽度的林带,这对减轻城市噪声和安全都有很大的作用。如天津市绿地规划中提出铁路两侧应该设置宽度不小于300 m的护路林带,有条件的地方可在一定距离内设置休息园地,建设必要的服务设施,供旅游的人员逗留歇息。

(五)风景游览绿地

风景游览绿地是指著名的独特景观形成的自然风景,可包括城郊风景名胜区及森林公园、风景林地等。一般是指位于郊区的具有特色的大面积自然风景,经开发修整,可供人们进行一日以上游览的大型绿地。最最著名的有杭州西湖(已经成功申遗)、无锡太湖、桂林漓江、江西庐山、山东泰山、安徽黄山、临潼骊山、舟山普陀山、四川峨嵋山、福建武夷山(简称"一江二湖七山")等,比较著名的还有陕西华山、河南嵩山、温州雁荡山、辽宁千山、江西三清山、青岛崂山、福建太姥山、四川青城山、云南石林、丽水东西岩等。在国外,有称为森林公园(Forest Park,以原有林地为主)、天然公园(Natural Park)的。

有的风景区还设有休疗养区,但通常不对外开放。

此外,还有称为"自然保护区"的大面积林地(有的国家称为国家公园),是为了保护天然生态条件和珍贵的动物、植物、原始森林等而专门设立的。这些自然绿地有的部分经过整理后也可供游览用,如云南的西双版纳(有"天然植物园"之称)、四川的九寨沟、湖北的神农架、吉林的长白山、黑龙江的五大连池、河南的鸡公山、浙江的凤阳山、广东的丹霞山、广西的大瑶山、海南的五指山、台湾的玉山等。

(六)生产防护绿地

1. 生产绿地

生产绿地包括苗圃、花圃、果园、林场等。苗圃、花圃是城市绿化所需植物材料的生产基地,除各单位自己培育苗木的苗圃外,城市园林部门一般都开辟有一定数量的苗圃,为城市绿化培育所需的大量树苗、花卉、草皮,也有把花圃的一部分布置成园林外貌(如盆景园),供观赏游览,这样就具有了部分公共绿地的性质,如杭州花圃。

2. 防护绿地

防护绿地的主要功能是改善城市的自然条件、卫生条件,包括卫生防护林、水土保持林、水源保护林等,都是郊区用地的一部分。如某些夏季炎热的城市,应该考虑设置通风绿化带,与夏季盛行风向平行(可结合水系考虑),形成透风绿廊,使季风能吹到城区的内部中来。对于经常有强风(如西北风、台风等)的城市,应该在规划的时候考虑建立与风向垂直的总宽度为150~200 m的防风林带,每条林带宽度可达10~20 m。

防护绿地中的卫生防护绿地,其地带的宽度,根据工业排放的污染物质和技术过程的

情况分为五个等级,第一级 1 000 m,第二级 500 m,第三级 300 m,第四级 100 m,第五级 50 m。具体来讲,哪些工矿企业需要哪一级宽度的卫生防护绿地,可参阅吴翼著的《环境绿化》(安徽科技出版社 1984 年 6 月第 1 版)的附录部分。

第三节　城市园林绿地定额

城市园林绿地定额,是指城市中平均每个居民所占绿地的面积,以"m²/人"表示。它是绿化水平的基本标志,反映出一个时代的经济水平和卫生面貌及文化生活水平。

一、城市园林绿地定额的计算

反映城市园林绿地水平的指标,除了通常所用的每人公共绿地占有量(m²/人),还可以有多种表示方法,目的都是能反映绿化的质量与数量,并要求便于统计。所以反映城市园林绿地的指标名称要求与城市规划的其他指标名称是一致的。目前,我国采用的城市园林绿地定额指标主要有下面六种,其中前两种最常用。

(1)城市园林绿地总面积:

城市园林绿地总面积(hm²) = 公共绿地面积 + 居住区绿地面积 + 附属绿地面积 +
　　道路交通绿地面积 + 风景游览绿地面积 + 生产防护绿地面积

(2)每人公共绿地占有量:

　　每人公共绿地占有量(m²/人) = 市区公共绿地面积(hm²)/市区人口(万人)

(3)市区公共绿地面积率(%):

　　　市区公共绿地面积率(%) = 市区公共绿地面积/市区面积 × 100%

(4)城市绿化覆盖率(%):

　　　城市绿化覆盖率(%) = 城市绿化总面积(hm²)/市区面积(hm²) × 100%

城市绿化总面积(hm²) = 公共绿地面积 + 道路交通绿化覆盖面积 + 居住区绿地面积 +
　　生产防护绿地面积 + 风景游览绿地面积

因树冠覆盖面积大小与树种、树龄有关,而全国各城市所处地理位置不同,树种差异很大,因此绿化覆盖面积只能是概略的计算,各城市可根据各自的具体情况和特点,最好经典型调查后确定。

城市绿化总面积即城市各类绿地覆盖面积的总和。绿化覆盖面积是指乔木、灌木和多年生草本植物覆盖面积,可以按树冠垂直投影测算,但乔木覆盖下的灌木和草本植物的覆盖面积不再重复计算,这点须特别注意。

公共绿地的绿化覆盖面积可按 100% 计算,风景游览绿地及生产防护绿地都是按占地面积的 100% 计算的。在我国公园中,一般建筑占全园的 1% ~ 7%,道路广场占 3% ~ 5%,由于各类公共绿地及风景游览用地比较复杂,为了简单计算,可按用地 100% 计算绿化覆盖率。居住绿地和附属绿地也按绿地用地的 100% 计算。所以,在城市绿化覆盖率的计算中,城市绿化总面积除道路交通绿地的绿化覆盖面积外,其余五类绿地的绿化覆盖面积均按绿化用地的 100% 计算,即等于各类绿地面积。

道路交通绿化覆盖面积(km²) = [行道树平均单株树冠投影面积(m²/株) × 单位长

度平均植株树(株/km)×已经绿化道路总长 km] + 草地面积(km²)

(5)苗圃拥有量:

苗圃拥有量(亩/km²) = 城市苗圃面积(亩)/市区(建成区)面积(km²)

这里的苗圃包括花圃。

(6)每人树木占有量:

每人树木占有量(株/人) = 市区树木总数(株)/市区总人口(人)

二、影响城市园林绿地定额的因素

(一)城市的性质

不同性质的城市对园林绿地的要求也不同,如风景游览、休疗养城市或革命历史纪念性质为主的城市,由于开放的需要,冶金、化工、交通枢纽城市,由于环境保护的需要,绿地面积相对就多些。

(二)城市的规模

从理论上讲,小城市中居民离市郊环境比较近,城市环境条件较好,所需绿地类型少,面积也可小些。大中城市居民离市郊自然环境较远,人口密集,城市自然环境条件差些,市区应该有比较多的公共绿地。但我国大陆地区的现实状况是,大城市用地紧张,开辟绿地困难,需要和可能常常是矛盾的。这就给城市建设和管理提出了更高的要求,今后我们的城市建设管理和规划者必须高度重视城市园林工作者所从事的工作,让城市园林工作者自始自终都处在城市建设管理和规划工作的前沿阶段,尽可能地从建设初期解决好需要和可能这个矛盾,否则到城市大框架形成后再来规划城市园林绿地建设,那将是"巧妇难为无米之炊"。

我国城市绿化面积情况见表4-4、表4-5。

表4-4　我国不同性质城市绿化面积情况

城市性质	城市名称	每人占有公共绿地面积(m²/人)		绿化覆盖率(%)	
		1977年数据	2010年数据	1977年数据	2010年数据
风景	承德	22.3	50.0	28.3	41.20
风景	桂林	8.69	11.44	14.0	41.68
风景	无锡	4.24	14.01	11.4	33.58
风景	杭州	4.32	18.34	14.2	40.00
钢铁	包头	3.0	10.7	12.1	30.02
钢铁	鞍山	5.8	8.67	21.7	32.56
机械	长春	21.1	32.4	20.7	32.80
化工	茂名	2.4	10.9	15.0	30.39
交通	郑州	2.3	8.68	32.4	35.45
交通	株洲	2.3	13.1		43.6
交通港口	湛江	16.3	10.73	13.9	45.68
交通港口	北海	3.3	9.0	12.6	54.39

表 4-5 我国几个主要大城市绿化水平现状

城市名称	市辖区人口（万人）		每人占有公共绿地面积（m²/人）		绿化覆盖率（%）	
	1982 年数据	2010 年数据	1982 年数据	2010 年数据	1982 年数据	2010 年数据
北京	559.80	1 882.70	3.97	15.0	22.3	44.4
上海	632.09	2 231.54	0.47	15.0	18.2	40.0
天津	514.25	1 109.23	0.92	10.0	27.0	45.0
重庆（主城环内 10 区）	630.01	868.90		14.0		39.8
广州	314.83	1 107.07	0.64	15.0		38.2
沈阳	213	608.62	8.8	14.0	12.6	35.19
西安	219.66	650.12	2.1	10.3	27.0	33.29
南京	449.11	716.56		13.5		40.96
武汉	325.50	978.54		12.0		32.91
成都	115.6	767.71	1.0	11.0	10.2	39.43
哈尔滨	216.21	587.89		12.0		35.43
长春	107	390.80	21.1	32.4	20.7	41.5
济南	106.95	433.59		15.0		35.52
郑州		425.36		8.68		35.45
杭州	116.80	624.20		18.34		40.0
深圳	19.86	1 035.79		16.0		45.0
大连		335.86		13.1		39.14
青岛		371.88		12.0		37.63
宁波		349.16		11.50		36.53
厦门	34.35	353.13		13.26		35.77

（三）城市的自然条件

自然条件对绿地面积有很大影响,自然条件不同,对绿地的要求也不同。北方城市气

候寒冷,干旱多风,为了改善居民区内的小气候,城市绿地面积应该多些,但水源有困难的,绿地面积要适当控制,逐步发展。南方城市气候温暖,土壤肥沃,水源充足,树种也较多,绿地面积本可多些,但因人多,耕地较少,也不能过多占用农田。因此,应该根据城市地形、地貌、水文、地质、土壤、气候等不同条件,来确定园林绿地的定额。如地形起伏有陡坡冲沟等不宜建筑地可以充分绿化。城市平坦,附近为农业生产用地,绿地应该相应减少。水源丰富并分布平均,用作绿地的可能性就大些。

(四)城市中已形成的建筑物

城市中已经形成的建筑物,限制了绿地的发展,定额只能相应减少,在这方面新兴城市就有显著的优势,"一张白纸,可以画最新、最美的图画"。

(五)园林绿地的现状

有些国家或城市居民的园艺技术水平较高,对园林有传统爱好;有些国家或城市对园林绿化较重视,原来绿地就有较好的基础,绿地定额也就较高。

(六)国民经济水平

随着国民经济的发展,人们物质文化生活水平的提高,对环境绿化的要求必然增加,我国城市绿化的数量与质量会向较高的水平前进。新中国成立以来城市规划采用的公共绿地定额如表4-6所示。

表4-6　我国各个时期采用的公共绿地定额

时期	定额或年限	
	近期(m^2/人)	远期(m^2/人)
"一五"时期规划定额		15(20)年
1956年全国基建会议		6~10(人口50万以上城市) 8~12(人口50万以下城市)
1964年经委规划局讨论稿	4~7(不分近、远期)	
1975年建委拟定参考定额	2~4	4~6
1978年全国城市园林绿化会议	4~6(至1985年)	6~10(至2000年)
1980年全国城市规划会议	3~5(5年)	7~11(20年)

从表4-6可以看出,定额除其他因素外,显然与当时国民经济情况是有关的。

确定园林绿地的定额是一项比较复杂、涉及因素多的工作,但是为了保证城市中的园林绿化水平,在不同时期,还应该有一个大约的控制数字,以供参考。

三、确定城市园林绿地定额的理论依据

确定城市园林绿地定额的理论依据,一是保护环境和维持生态平衡,二是满足城市人民文化休息的需要。保护环境和维持生态平衡中又分为二氧化碳和氧气平衡及改善城市小气候、促进气流交换两方面。

（一）从二氧化碳和氧气平衡方面考虑

1966 年,德国柏林一位博士在特维公园有草地有乔灌木的园林绿地中进行现场试验,试验结果表明,考虑人的呼吸加上燃料的燃烧,每个城市居民需要 30 ~ 40 m^2 的绿地面积,就可以使城市达到二氧化碳和氧气的平衡。目前一些国家,如德国的公园计划标准为每人 40 m^2,美国公园绿地远景规划标准也是每人 40 m^2,都是根据这位博士的理论来制定的。当然,解决城市空气中的二氧化碳与氧气的自然平衡问题,不仅是市区公园绿地,市区其他绿地、郊区森林公园绿地等,都能起到同样的作用。

我国城市平均人口密度若为 1 万 km^2,按城市园林绿地面积为用地面积的 30% 计算,则每人平均园林绿地面积为 30 m^2。从二氧化碳和氧气平衡的角度来看,这个指标是不高的。然而到 2010 年国家有关部门还没有修改每人 7 ~ 11 m^2 定额指标,这说明我国的城市园林绿化工作与国际标准还有相当距离,2011 年我国城市化率首次超过 50%,随着城市化率的不断提高,更多的中国人将在城市中生活,为了全体中国人的健康权,提高城市园林绿地定额指标是刻不容缓的。本书作者也希望广大园林工作者共同呼吁,尽快将我国的城市公共绿地定额指标提高到近期 10 ~ 15 m^2/人、远期 20 ~ 30 m^2/人。

（二）从改善城市小气候、促进气流交换方面考虑

为了改善城市小气候、促进气流交换,国际上有的专家提出,城市的绿地面积应该占城市用地总面积的 50% 以上。因此,我国提出的城市绿地面积不得低于 25% ~ 30% 这个规划指标也是明显偏低的。

（三）从文化休息方面考虑

游人在公园中要游览、休息得好,必须保证有一定数量的游览面积,通常以平均每人不少于 60 m^2 为标准。如果城市居民在节假日有 10% 的人同时到公共绿地游览休息,要保证每人有 60 m^2 的游览活动面积,则按全市人口计算,平均每人应该有公共绿地面积 6 m^2。从现在的发展趋势看,随着人民生活水平的提高,城市居民,特别是青少年,节假日及周末到公园游览休息的越来越多。另外,过往的流动人员,也总要到公园去游览观光。从这方面来看,我国提出的城市公共绿地面积近期达到每人 3 ~ 5 m^2,远期达到每人 7 ~ 11 m^2,这个指标也是远远不能满足要求的。

四、我国当前园林绿地定额的探讨

（一）城市绿地总面积

城市绿地总面积应该根据城市对园林绿化功能的要求,结合城市的特点加以分析研究后确定。例如,苏联在城市规划中,绿地总面积占城市总用地面积的 50% ~ 55%。根据林学上的研究,一个地区的植物覆盖率至少在 30% 以上,才能起到改善小气候的作用。综合以上情况,根据我国几个城市规划工作实践,建议一般城市绿地面积可考虑在 30% ~ 50%。2010 年,北京林地总面积达到了 104:69 万 hm^2,城市绿化覆盖率达 45%,人均绿地面积达 50 m^2。

（二）公共绿地的定额

公共绿地的定额以城市居民平均每人占若干平方米表示。城市公共绿地面积是根据居民生活所需要的各种类型的公园、街道绿地总面积综合计算而定的。1978 年全国城市

城市园林绿化规划设计

37

园林绿化会议提出公共绿地的定额为:近期(到 1985 年)4~6 m²/人,远期(到 2000 年)6~10 m²/人,城市绿化覆盖率近期 30%,远期 50%。1980 年全国城市规划会议进一步将公共绿地定额确定为:近期(5 年)3~5 m²/人,远期(20 年)7~11 m²/人。

居民所需公共园林绿地面积,可用以下公式计算:

$$F = P \times N \times f/N = Pf$$

式中　F——城市中每个居民所占公园面积;

　　　P——单位时间内最高游览人数占城市总人口数的百分比;

　　　N——城市总人口(不同规划阶段有不同人口的发展数字);

　　　f——每个游览人在公园中所需要面积(根据在一定面积情况下游览人数的多少,以公园的正常活动能进行及互相不至于干扰为标准,世界通行标准为 60 m²/人,我国以前建议采用 45 m²/人,现在也倾向采用 60 m²/人)。

以上公式中 F、P、f 值的求得须根据各城市的具体情况研究后,才能确定采用。

上海市新中国成立以来虽然园林绿化发展速度成倍增长,但到 1965 年每人只占有公共绿地面积 0.85 m²,北京每人也不到 3 m²。从全国 150 多个城市 1977 年的统计数字分析,城市的公共绿地面积平均为每人 4 m²,而其中 2/3 的城市每人在 3 m² 以下。改革开放以来我国城市化发展迅速,城市数量由 1979 年的 216 座上升到 2010 年的 657 座,城市化率由 1979 年的 19.99% 上升到 2010 年的 47.5%,但城市公共绿地人均占有量(平均数)却始终没有突破 5 m²。离当初规划目标(远期)到 2000 年达到 7~11 m²(平均 10 m²)还相差很远。

(三)局部使用园林绿地面积

占城市较大面积的居民区、机关、学校、医院、工厂等局部使用绿地面积,如能做到普遍绿化,对实际生活意义是很大的,可以发动群众一起参与绿化。

一个城市的局部使用面积约占城市总面积的 50% 左右,其中居住小区又占了 60% 左右,所以我们必须重视城市居住小区的园林绿化工作。另外,工矿企业内部的绿化面积也要求占其总面积的 30% 左右;特殊要求的单位如医疗、幼托、农林院校等,则要求在 70% 左右。

(四)防护绿地面积

防护绿地面积应该视城市自然危害程度和工矿企业有害因素对居民区的影响程度而定,其中防护林带可遵照国家住建部和卫生部共同规定的级别与当地实际情况相结合后确定。

(五)特殊用途绿地面积

苗圃、花圃面积以城市绿化在一定阶段内的计划为依据。为了初步掌握这些用地面积,可按每公顷公共绿地以 200 m² 为标准来建设。如果要包括道路、建筑物间的绿地和防护林带,在计算面积时可再加上 30%。以上估算方法并不包括大量用苗的局部使用面积内所需要的苗木,这类苗木应该实行专业育苗与群众育苗相结合的方针。果园面积的确定,需要根据该城市自然条件和人民物质生活的增长而制定。

以上绿地面积的计算,只是从理论层面上提出的参考数据,实际计算时还应考虑当地现状。国外一些城市公园面积见表 4-7。

表 4-7　国外一些城市公园面积

（1977 年数据）

国家	城市	市区面积（hm²）	人口（万人）	公园面积（hm²）	公园占市区面积（%）	平均每人公园面积（m²/人）	说明
波兰	华沙	44 590	143.0	3 257	7.3	22.8	
澳大利亚	堪培拉	24 320	16.5	1 165	4.8	70.6	绿地占 60%~70%
瑞典	斯德哥尔摩	18 600	66.0	5 300	28.5	80.3	
土耳其	安卡拉	18 900	150.0	7 184	38.0	47.9	
美国	华盛顿	17 346	75.7	3 458	19.9	45.7	
苏联	莫斯科	87 500	490.0	13 000	14.9	26.5	市内 9.7 m²/人
荷兰	阿姆斯特丹	17 090	80.7	2 377	14.0	29.5	
罗马尼亚	布加勒斯特	—	122.9	3 500	—	28.5	
奥地利	维也纳	41 410	461.5	1 188	2.9	2.6	
瑞士	日内瓦	1 610	17.3	261	16.2	15.1	
挪威	奥斯陆	45 344	47.7	689	1.5	14.4	75% 为森林
德国	柏林	48 010	210.0	5 483	11.4	26.1	
英国	伦敦	157 950	717.4	21 828	13.8	30.4	
法国	巴黎	10 500	260.0	2 183	20.8	8.4	
加拿大	蒙特利尔	17 715	106.5	1 384	7.8	13.0	
巴西	巴西利亚	101 300	25.0	1 816	1.8	72.6	
丹麦	哥本哈根	12 032	80.2	1 535	12.8	19.1	
新加坡	新加坡	27 558	214.7	867	3.1	4.0	
韩国	首尔	72 088	607.6	924	1.3	1.5	
日本	东京	59 553	858.4	1 359	2.3	1.6	

第五章 园林艺术基本原理

园林既是物质产品（它建立在经济、实用的基础上），又是具有审美要求的艺术创造，它在不同的社会发展阶段总是依赖生产力的水平，反映每一时代的生产关系、社会思想意识和民族文化的特征。

组成园林的基本要素有三个：第一是功能要求；第二是园林植物、土建工程设施等物质技术条件；第三是园林景观，即艺术效果。这三者之中功能是主导的，对园林的组成和景观起决定的作用。园林景观是功能、植物、土建工程等的综合表现，故园林设计必须贯彻"实用、经济、美观"的方针，三者是互为联系、辩证统一的。

由此可知，园林是一门综合性很强的边缘学科，它既属自然科学，又与社会科学相联系；它既属工程技术，又与文学艺术相联系。这就给园林绿化带来了复杂性。因此，学好园林绿化必须具备城市绿化规划、园林植物、美术绘画以及建筑、文学等方面的有关知识。事物总有其基本规律，园林绿化规划也不是"只能意会、不能言传"的，只要掌握其基本原理，就有入门之路。

第一节 景与造景

一、景与景的感受

（一）什么是景

我国园林中，常有"景"的提法，如燕京八景、西湖十景、关中八景、圆明园四十景、避暑山庄七十二景等。所谓"景"即风景、景致，是指在园林绿地中自然的或人为创造加工的，并以自然美为特征的那样一种供作游憩欣赏的空间环境。风景（Scene Scenery Landscape）的汉文词汇，最初出现于我国《晋书·王导传》："过江人氏，每至暇日，相邀出新亭饮宴，周顗中坐而叹曰：'风景不殊，举目有江山之异'。"所谓风景，实质上含有美的领域的意义，唐人所谓"四美"，其中之一即是"美景"。其范围包括地面上的地形、地质，动物、植物、矿物、构造物等物质，地面下的海、洋、江、湖、泉等水域及大气中的气象等现象的综合。就其美的范畴而言，可分为空间美、时间美；天然美、人工美；形态美、色彩美、风韵美；有形美、无形美等。无论是天然存在的景还是人工创造的景，都是由于人们按照此景的特征命名、题名、传播使景色本身具有更深刻的表现力和强烈的感染力而闻名于天下的。泰山日出、黄山云海、桂林山水、庐山仙人洞等是自然的景。江南古典园林的"一峰山有太华千寻，一勺水有江湖万里"之意，以及北方的皇家园林都是人工创造的景。至于闻名世界的万里长城，蜿蜒行走在崇山峻岭之上，关山结合，气魄雄伟，兼有自然和人工景色。誉满天下的西湖园林，"水光潋滟晴方好，山色空蒙雨亦奇，欲把西湖比西子，淡妆浓抹总相宜"苏东坡。其中的"三潭印月"、"花港观鱼"等景点兼有自然和人工景色之美。以上三

者虽有区别,然而均以因借自然、效法自然,从自然中提炼而高于自然的自然美为特征,这是景的共同点。所谓"供作游憩欣赏的空间环境",即是说"景"绝不只是引起人们美感的画面,而是具有艺术构思而能入画的空间环境,这种空间环境能供人游憩欣赏、具有符合园林艺术构图规律的空间形象和色彩,也包括声、香、味及时间等环境因素。如桂林有山清水秀洞奇石美之誉,这是有形有色之景。黄山以奇松、怪石、云海、温泉称著,这是有形有色有肤感之景。杭州西湖十景之一的"柳浪闻莺",羊城八景之一的"白云松涛",都是有声之景。西安关中八景中的"骊山晚照"和"雁塔晨钟"是有时之景(杭州西湖十景中的"雷峰夕照"也是有时之景)。凡此种种,说明风景构成要素(即山、水、植物、建筑以及天气和人文特色等)的特点是景的主要来源。

景有大小之分,大的如万顷浩瀚的太湖,小的如庭园竹石。景还有特色之分,有高山峻岭之景、有江湖河海之景,有森林树木花卉之景,有亭台楼阁溪桥之景,有观赏鸟兽虫鱼之景,也有观赏文物古迹之景,有看园林群体之景,也有观瞻个体细部之景,所以园林绿化中的景是千变万化的,观赏之景是不胜枚举的。

(二)景的感受

景是通过人的眼、耳、鼻、舌、肤而接受的。没有身临其境是不能体会到景的美的。从感官来说,大多数的景是视觉的观赏,如杭州西湖的花港观鱼,承德避暑山庄的梨花伴月,北京的西山红叶等。但也有许多是通过耳听、鼻闻、品味以及皮肤接触或身体活动所感受的。如杭州动物园的鸣禽馆景的鸟语声,森林公园中的"鸟鸣憩静,蝉噪山更幽"的景的感受,又如承德避暑山庄的"风泉清听"、"远近泉声",这些都是用耳朵听的景,是通过听觉来感受景的。广州的兰圃,每当兰花盛开的季节,馨香满园,董必武赞曰:"国香",朱德题诗:"唯有兰花香正好,一时名贵五羊城",并挥毫书匾"兰蕙同馨",这是鼻闻之景。名闻中外的虎跑泉水龙井茶,只有通过品味才能真正地感受。黄山的温泉,南京汤山温泉,西安华清池,青岛滨海浴场,这些都是要人人泳浴其间而觉舒适之感的景。景的感受往往不是单一的,而是随着景色的不同,以一种乃至几种感官感受的,如鸟语花香、月色江声、北海泛舟等均属此类景色意境。

高度的园林艺术之景,赋予人的感受,便有"触景生情"的意境,我国古典园林讲究诗情画意之景最为突出,常采用"宅雅无须大,花香不在多"的手法,使游人见到此景,便顿觉景色宜人,心情舒畅,倍感亲切。

杭州"平湖秋月"三面临湖,后依孤山,露台旁通轩敞虚堂,空明如镜,水月交辉,与天宛然一体,月夜凭台,犹如置身于琼楼玉宇广寒宫之中。北京颐和园排云殿、佛香阁,对称布局,层层上升,重楼栉比,宫瓦彩画,给人以庄严雄伟、富丽堂皇的感受。哈尔滨的滨江绿带,配以建筑,面对太阳岛,濒临牡丹江,给人们以开朗、轻快、活泼的感觉。就山景而言,黄山奇松怪石,有嶙峋之感;华山峭壁,有险峻之感;桂林山水则有形奇之感。所以,不同的景观必然有不同的感受,尤其是景观特别显著者,其不同的感受最为强烈。

对于景色的感受,随人的职业、年龄、性别、文化程度、社会经历、兴趣爱好和当时的情绪不同而有所区别。例如残花枯叶,往往与衰败伤感情调共鸣。又如,同样对于雪压冬梅的景象,陆游发出了"驿外断桥边,寂寞开无主。已是黄昏独自愁,更著风和雨。无意苦争春,一任群芳妒。零落成泥碾作尘,只有香如故"的感叹,而毛泽东却吟出了"风雨送春

城市园林绿化规划设计

41

归,飞雪迎春到。已是悬崖百丈冰,犹有花枝俏。俏也不争春,只把春来报。待到山花烂漫时,她在丛中笑"的壮丽语句。儿童公园中陪去的年老者却在欣赏儿童游戏,见葵花向阳,天天向上,充满着一种幸福的感受。苏州园林对有些游客仅留下"假山水池,楼台亭阁"的印象,而对于有文化修养的游客来说,则感受到了诗情画意,玩味无穷。

二、景的观赏

景可供游客观赏,但不同的游览观赏方法,会产生不同的景观效果,给人以不同的景的感受。掌握好游览观赏的规律,可以指导园林绿化工作。

（一）动态观赏与静态观赏

景的观赏可分为动与静,即动态观赏与静态观赏。在实际游览中,往往是动静结合,动就是游,静就是息,游而无息使人筋疲力尽,息而不游又失去游览的意义。一般园林绿地平面总图设计主要是为了满足动态观赏的要求,应该安排一定的风景路线,每一条风景路线应该达到像电影片镜头剪辑一样,分镜头（分景）按一定的顺序布置风景点,使人行其间产生步移景异之感,一景又一景,形成一个循序渐进的连续观赏过程。所谓园林,是艺术品,要求即在于此。动态观赏和静态观赏互为转换,动静不可分,动中有静,静中有动,大园以动观为主,小园以静观为主。

分景设计主要是为了满足静态观赏的要求,视点与景物位置不变,如看一幅立体风景画,整个画面是一幅静态构图。所能欣赏的景致可以是主景、配景、近景、中景、侧景、全景,甚至可以是远景,或它们的有机结合。设计应该使天然景色、人工建筑、绿化植物有机地结合起来,整个构图布置应该像舞台布景一样。好的静态观赏点正是摄影师拍摄创作和画家写生的好地方。

静态观赏有时对一些情节特别感兴趣,需要进行细部观赏。为了满足这种观赏要求,可以在分景中穿插配置一些能激发人们进行细致鉴赏、具有特殊风格的近景、"特写景"等。如某些特殊风格的植物,某些碑、亭、假山、窗景等。

（二）观赏点与对景物的视距

人们赏景,无论动静观赏,总要有个立足点。在动静的观赏中,游人所在位置称为观赏点。观赏点与被观赏的景物间的距离称为观赏视距。观赏视距适当与否对观赏的艺术效果关系很大。

人的视力各有不同,正常人的视力明视距离为 25 cm,4 km 外的景物不易看到,在大于 500 m 时,对景物只有模糊的形象,距离缩短到 250 ~ 270 m 时,才能看清景物的轮廓,如果要看清树木、建筑细部线条则要缩短到几十米之内。视域范围,垂直方向约为 13°角,水平方向约为 160°角。在正常情况下,不转动头部,视域的垂直视角 26° ~ 30°,水平视角为 45°左右。超过此范围,就要转动头部了,这样对景物的整体布局印象就不够完整,而且容易感到疲劳。"合适视距"如主景,是雕像、建筑、树丛、花坛等最好在垂直视角为 30°,水平视角为 45°范围内,但某些景物就适合于远视和迷蒙状态的,不属此类。

粗略估算,大型景物的合适视距约为景物高度的 3.3 倍,小型景物约为 3 倍。水平视域为 45°角时,其合适视距约为景物宽度的 1.2 倍。如果景物高度大于宽度,则依垂直视距来考虑。如果景物宽度大于高度,依宽度、高度进行综合考虑。一般平视静观的情况

下,以水平视角不超过45°,垂直视角不超过30°为原则。如北京颐和园中的谐趣园,其中饮绿亭展望画远堂仰角为13°,垂直视角为26°,视距很合适,有良好的观赏效果,是经过精心设计的。

园林建筑,如供为观赏其外形,应该分别在建筑高度的1、2、3、4倍距离处,设空场布视点,使人能在不同情况下、不同视距内来观赏景物,并根据具体条件,考虑几个方面的视距,使同一景物能收到移步换形之妙。一般封闭广场,广场中心有纪念性建筑物时,该纪念建筑物的高度和广场四周建筑物的距离与广场直径之比为1:3~1:6,方有较合适的视距。

(三)俯视、仰视、平视的观赏

观赏景物因视点高低不同,可分为俯视、仰视、平视。在平坦草地或江湖之滨进行观赏,景物深远,这是平视。居高临下,景色全收,这是俯视。有些景区险峻难攀,只能在低处瞻望,有时观景后退无地只能抬头,这是仰视。平视、俯视、仰视的观赏对游人的感受是各不相同的,效果也各异。

1.平视观赏

平视是视线平行向前,游人头部不用上仰下俯,可以舒服地平望出去,使人有平静、安宁、深远的感觉,不易疲劳。平视风景由于与地面垂直的线条在透视上均无消失感,故景物高度效果感染力小,而不与地面垂直的线条均有消失感,表现出较大的差异,因而对景物的远近深度有较强的感染力。平视风景应该布置在视线可以延伸到的较远的地方,如园林绿地中的安静区、休息亭榭,休、疗养区的一侧等。西湖风景的恬静感觉,与多为平视景观分不开(见图5-1)。

图5-1 杭州西湖平视

2.俯视观赏

游人视点较高,景物展现在视点下方,下部60°角以外的景物不能映入视域内,鉴别不清时必须低头俯视,此时视线与地平线相交,因而垂直地面的直线产生向下消失感,故景物愈低就显得愈小,"会当凌绝顶,一览众山小",过去登泰山而小天下的说法就是俯视感受的境界。俯视易造成开阔浩瀚宽广和惊险的风景效果。在险峻的高山上,俯视深沟峡谷,便有惊险欲绝的感受,如泰山山顶、华山各个峰顶、黄山清凉台都属此类风景。

3.仰视观赏

景物高度很大，视点距离景物很近，当仰角超过13°时就要把头微微扬起，这时与地面垂直的线条有向上消失感，故景物的高度感染力很强，易形成雄伟、庄严、紧张的气氛。如一座高50 m的纪念碑，站在距离10 m处仰视，碑的下部显得特别庞大，上部因向上消失，体形渐小，增强了纪念碑的雄伟感。

在园林设计布局中，有时为了强调主景的崇高伟大，常把视距安排在主景高度的一倍以内，不让有后退余地，运用错觉，感到景象高大，这是艺术处理手法之一。如古典园林叠砌假山，不从假山的绝对高度去考虑，而是采用仰视手法，把视点安排在近距离内，产生山峰高入蓝天白云的错觉。颐和园佛香阁，在从中轴攀登时，出德辉殿后，抬头仰视，视角为62°，觉得佛香阁高入云端，就是这种手法(见图5-2)。

图5-2　北京颐和园佛香阁仰视

平视、俯视、仰视的观赏，有时不能截然分开，如登高楼、峻岭，先自下而上，一步一步攀登，抬头观看是一组一组仰视景观，登上最高处，向四周平望而俯视，然后一步一步向下，眼中又是一组一组俯视景观，故各种视觉的风景安排应该统一考虑，使四面八方、高低上下都有很好的风景观赏，又要着重安排最佳景点，让人停息体验。

三、造景

园林艺术，往往是在园林绿化中因自然之美，效法自然之美，人为创造出高于自然之美景。因此，它是造型艺术之一。造景，即人为地在园林绿地中创造一种既符合使用功能，又有一定意境的景区。人工造景要根据园林绿地的性质、功能、规模，因地制宜、因时制宜地运用园林艺术布局规律，精心规划设计施工。就景在园林绿地中的地位、作用和观赏需要出发，可将造景归纳为主景和配景手法、层次手法、园内外借景手法、空间组织手法、前景处理手法和点景手法等六种基本类型。

（一）主景和配景手法

"牡丹虽好,尚需绿叶扶"。也就是说,景无论大小均需要有主景、配景之分。在园林绿地中能起到控制作用的景叫主景,它是整个园林绿地的核心、重点,在园林艺术上最富有感染力,往往呈现主要的使用功能或主题,是全园视线控制的焦点。园林的主景按其所处空间的范围不同,一般包含有两个方面的含义,一个是指整个园子的主景,一个是指园子中由于被园林要素分割的局部空间的主景。以颐和园为例,前者全园的主景是佛香阁排云殿一组建筑,后者如谐趣园的主景是涵远堂。配景起衬托作用,可使主景突出,像绿叶"扶"红花一样,在同一空间范围内,许多位置、角度都可以欣赏主景,而处在主景之中,此空间范围内的一切配景,又成为欣赏的主要对景,所以主景与配景是"相得益彰"的。如杭州花港观鱼公园,以花、鱼为主景,即以牡丹与金鱼池为主景,周围的溪、河、湖和各种花木配置,以及建筑物都作烘托主景用,才能取得"花着鱼身鱼嘬花"的艺术效果。明清西苑之一的北海(北京市),它以白塔为主景,周围用团城、画舫斋、看画廊、漪澜堂等建筑作陪衬,白塔就成了丰富的主景,突出在全园之中(见图5-3)。

图5-3　北京北海公园之白塔

突出主景的手法一般有下面四种。

1. 主体升高

主景的主体升高,相对地使视点降低,看主景要仰视,一般可以取简洁明朗的蓝天远山为背景,使主体的造型轮廓鲜明突出,而不受其他因素干扰和影响。南京中山陵(见图5-4)的中山灵堂,广州越秀公园的五羊雕塑,长沙烈士陵园纪念塔,苏州虎丘云岩寺随塔等,都是利用主体升高来突出主景的例子。

2. 运用轴线和风景线焦点

轴线是园林风景或建筑群延伸的主要方向,一条轴线需要一个有力的端点,否则会感到这条轴线没有终结,园林中常把主景设置在轴线端点或轴线相交点。如南京新街口交

城市园林绿化规划设计

45

图 5-4　南京中山陵

通岛的绿化,它是两条马路轴线的交点,成了新街口的主景(见图 5-5)。此外,主景还常布置在放射轴线的焦点或风景透视线的焦点上。

图 5-5　南京新街口交通岛

　　3.动势向心

　　一般四面环抱的空间,如水面、广场、庭园等周围次要的景色往往具有动势,趋向于一个视线的焦点,主景最宜布置在这个焦点上。杭州西湖周围的建筑布置都是朝向湖心的,因此这风景点的动势集中中心便是西湖中央的主景孤山,使之成了"众望所归"的构图中心,即视线的焦点。杭州玉泉观鱼,也是利用视线焦点的规律,突出了观鱼的水池。

　　4.重点布局

　　将主景布置在园林景区的重心处,包括规则式园林的几何构图中心和自然式园林的空间构图重心布局。自然式园林的重心不在平面构图的几何中心。中国传统假山园林的主峰切忌居中,而是有所偏向,但必须布置在自然空间的重心上,四周的景物要与其配合。

如上海豫园黄石假山上置亭得宜,亭成为山的主景,树林、山石成了配景(见图5-6)。

图5-6 上海豫园黄石假山上之观涛楼

综合上述各条,主景是强调的对象,为了达到此目的,一般在体量、形状、色彩、质地及位置上都被突出。为了对比,一般都用以小衬大、以低衬高的手法突出主景。但应该特别注意,主景不一定体量都要很大、很高,在特殊条件下,低在高处、小在大处也能取胜,反成主景。如长白山天池就是低在高处的主景,亭内碑就是小在大处的主景。所以,主景的关键还是在于组织经营或利用特定的位置,或利用特定的环境。在自然式园林中,上述四类手法应用很多。

(二)层次手法

景就空间距离而言,有前景(也叫近景)、中景和背景(也叫远景)的层次之分。前景是近视范围较小的单独风景;中景是目视所及范围的景致;背景是开阔空间伸向远处的景致,相当于一个较大范围的景色。另外,相应于一定区域范围的总景色叫全景。一般前景与背景都是为突出中景服务的。合理地安排前景、中景与背景,可以加深景的画面,富有层次感,使人获得深远的感受。花木的布局配置,一组树丛也有前景、中景和背景,只是空间距离小些罢了。

前、中、背三景的层次,依造景需要而定,不一定三景都要具备。如需要开朗广阔,气势雄伟,前景大可不需,只要简洁的背景予以烘托主题即可。又如大型建筑物前的庭园,为突出建筑,将庭园中低于视线的绿化山石水景作为前景,可以没有背景,或者说三尺白云就是其背景。

(三)借景手法

根据造景的需要,将园内视线所及的园外景色组织到园内来,成为园景的一部分,这种造景方法称为借景。借景是指园内外关系而言的造景手法,由于它将园内风景视线所及的园外景色有意识地组织到园内来,所以充实和加强了景观。明代计成在《园冶》中说:"园林巧于因借,精在体宜,借者园虽别内外,得景则无拘远近,俗则屏之,喜则收之。"明末清初造园家李渔也主张"取景在借"。借景能扩大空间,丰富园景,增加变化,却不费分文,所以,我们要尽量使用借景手法。依借景的距离、视角、时间、地点等,可以分为以下

几种借景手法。

1.远借

远借就是把园外远处的景物组织进来,所借景物可以是山、水、树木、建筑等。成功的借景例子很多,如北京颐和园远借西山及玉泉山之塔;承德避暑山庄借僧帽山馨锤峰;苏州寒山寺登枫江楼可借猴子山、天平山及灵岩峰;无锡寄畅园借锡惠山;苏州留园冠云楼可远借虎丘古塔等。

2.邻借(或称近借)

邻借就是把园子邻近的景色组织进来。周围环境是邻借的依据。周围景物,只要能够利用成景的都可以利用,不论是亭、阁、山、水、花木、塔、庙。如避暑山庄邻借周围的"八庙"。又如苏州沧浪亭内缺水,而临园有河,则沿河做假山、驳岸和复廊,不设封闭围墙,从园内透过漏窗可领略园外河中景色,园外隔河与漏窗也可望,园内园外融为一体,就是很好的一例。

3.仰借

仰借系利用仰视所借之景观,借居高之景物,如古塔、高层建筑、山峰、大树、碧空白云、明月繁星、瀑布、飞泉等,观赏点宜设置亭台座椅。

4.俯借

俯借系利用俯视所借之景物。许多远借也是俯借,登高才能远望,四周景物尽收眼底,就是俯借。所借之景物甚多,如江湖原野、湖光倒影等。如登杭州孤山望湖心亭、三潭印月,登杭州玉皇山南眺钱塘江、北赏西湖景色等,都是俯借的例子。

5.因时而借

因时而借系利用一年四季、一日之时大自然的变化和景物的配合而成。如一日来说,日出朝霞,晚星夜月;以一年四季来说,春光明媚,夏季原野,秋天丽日,冬日冰雪。就是植物也随着季节转换,如春天的百花争艳,夏天的浓荫覆盖,秋天的层林尽染,冬天的树木姿态。这些都是因时而借的意境素材。许多名景都是因时而借成名的,如琼岛春荫、苏堤春晓、曲院风荷、平湖秋月、南山积雪、断桥残雪、雷峰夕照、卢沟晓月等。

(四)空间组织手法

为了创造不同的景观,满足游人对各种不同景物的欣赏,园林绿地进行空间组织时,常运用对景和分景两种手法。

1.对景

位于园林绿地轴线及风景视线端点的相互对立的景叫对景。为了观赏对景,要选择精彩位置,设置供游人休息逗留的场所,作为观赏点,如安排亭、树、草地等与景相对。景可以正对,也可以互对,其景观效果也各不相同,作用也各异。

(1)正对:为了达到庄严、雄伟、气魄宏大的艺术效果,往往在轴线的端点设置对景点,且与中轴对称,常作为主景。如正门看端点,常有雕塑或高大建筑物等。

(2)互对:互对是在园林绿地轴线或风景视线两端点设置景点,互成对景。互对不一定有严格的轴线,可以有所偏离,常用在适于静态观赏,几个景点都是很好的观赏点。互对充分发挥了风景视线的作用,丰富了园景。如颐和园佛香阁建筑群与昆明湖中龙王庙岛上的涵虚堂即是互对。

2. 分景(也称划分景区)

我国园林含蓄有致,意味深长,忌"一览无余"。要能引人入胜,即所谓"景愈藏,意境愈大;景愈露,意境愈小"。分景常用于把园林分为若干空间,使之园中有园,景中有景,湖中有岛,岛中有湖,园景虚中有实,实中有虚,半虚半实,虚虚实实,景色丰富多彩、空间变化多样。

分景按其划分空间的作用和艺术效果,可分为障景和隔景。

(1)障景(又称抑景):在园林绿地中,凡是抑制视线,引导空间屏障景物的手法统称为障景。障景可以运用各种不同的题材来完成,可以用土山作山障,用植物题材作树障,用建筑题材做成转折的廊院曲障,也可以综合运用。障景一般是在较短距离之间才被发现,因而视线受到抑制,有"山穷水尽疑无路"的感觉,于是改变空间引导方向,而后逐渐展开园景,达到"柳暗花明又一村"的境界。即所谓"欲扬先抑、欲露先藏",先抑才能欲扬,先藏才能欲露,达到豁然开朗。如苏州拙政园,一进腰门,迎来奇峰怪石,绕过此石,竟是一泓池水,远香堂历历在目。

障景能隐蔽不美观和不可取的一部分,可障远的,也可障近的,而障本身又可自成一景。如杭州玉泉入口障景,以一庭园,如一幅立体图画,迎客观鱼,使人先有十分亲切幽雅的感受。

障景的手法是我国造园的特色之一,以著名宅园为例,进了园门穿过曲廊小院,或宛转于丛林之间,或穿过曲折的山洞,来到大体瞭望园景的地点,此地往往是一面或几面敞开的厅、轩、亭之类的建筑,便于休息,但只能略窥全园或园中主景,这里把园中美景的一部分只让你隐约可见,可望而不可及,使游人产生欲穷其妙的向往和悬念,达到了引人入胜的效果。

障景多用于入口,自然式园路,河流交叉口和转弯处。障景一般是无意之间才发觉的,景多数采取不对称构图,景物重心或形象偏于欲引导方向。

(2)隔景:凡将园林绿地分隔为不同空间,不同景区的景观的手法称为隔景。隔景可丰富园景,使各景区、景点各具特色,又可避免各景区游人相互干扰,增加园景布局变化,更可使空间"小中见大",景观深远莫测,如上海豫园分四个景区,就用龙墙相隔而时隐时现,使狭长水池有不尽之意,整个景区极为深远。隔景范围除局部景区外,还包括大范围景域,与障景不同。

隔景的手法,常用绵延的土岗把两个不同意境的景区划分开来,或同时结合运用一水之隔。划分景区的土岗不用有多高,二三米挡住视线即可。用于隔景的题材也很多,如树丛、种植篱、粉墙、漏窗、复廊等,运用题材不一,目的都是隔景分区,但效果和作用都是依主题而定的。一般来说,有实隔、虚隔、实虚隔之分。实墙、土丘、建筑群等为实隔,不可越也不可见;水面、漏窗、画廊、花架等为虚隔,虽不可越,但可望及;水堤、架桥、漏窗墙、梳林等为实虚隔,都因视线通透不通透、似见非见而分成实与虚。如杭州西湖被柳堤、园桥、洲岛分隔得若断若续,水上泛舟,总觉得赏不完、游不尽。又如苏州拙政园中部,在水池中聚土为山,形成两个起伏的列岛,丛林山石之间亭台隐现,将中部分隔成南北两景区,北面景观是山媚水秀,南面景观是峻峭山景,形成两个各有特色的景域。西洋园林的"迷园"也有此法。

运用隔景手法划分景区时,不但把不同意境的景物分隔开来,同时也使景物有了一个范围,一方面可以使注意力集中在所在范围的景区内,一方面也使从这个景区到那个不同题材的景区不相干扰,感到各自别有洞天,自成一个单元,而不至于像没有分隔时那样,有骤然转变和不协调的感觉。

(五)前景处理手法

在园林绿化中对景观画面构图的前景处理方法可分为框景、夹景、漏景、添景等手法。

1. 框景

空间景物不尽可观,但平淡间有可取之景。利用门框、窗框、树冠框、山洞等,有选择地框取另一空间的优美景色,而把不要的遮挡住,使主体集中、鲜明,恰似一幅嵌入镜框中的立体美丽画面,这种利用框架所摄取景物的手法称为框景。

框景的作用在于把园林绿地的自然美、绘画美与建筑美高度统一于景框之中,因为有简洁的景框为前景,约束了人们游览时分散的注意力,使视线高度集中于画面的主景上,是一种有意安排强制性观赏的有效办法,处理成在不经意中的佳景,给人以强烈的艺术感染力。如扬州瘦西湖钓鱼台两园洞看白塔和五亭桥,使室内外空间互相渗透流通,扩大了空间,增添了诗情画意。

框景务必在布局中设计好入框之对景,观赏点与景框的距离应该保持在景框直径2倍以上,视点最好在景框中心,使景物画面落实在26°角视域内。同时,景框的色调应该尽量简洁灰暗,使注意力能集中于明亮的框取景色(见图5-7)。

图5-7 庭园小品的框景

2. 夹景

远景在水中方向视界很宽,但其中又并非都很动人。因此,为了突出理想的景色,常将左右两侧树丛、树干、土山或建筑等加以屏障,于是形成左右遮挡的狭长空间,这种手法就叫夹景。夹景是运用轴线、透视线突出对景的手法,有"俗则屏之,嘉则收之"的作用,可突出和增强园景的美感与深远感。夹景是一种引导游人注意的有效方法,沿街道的对

城市园林绿化规划设计

景,利用密集的行道树不定期突出,就是这种方法(见图5-8)。

图5-8 行道树形成之夹景

3. 漏景

漏景是从框景发展而来的,框景景色全观,漏景若隐若现,有"犹抱琵琶半遮面"的感觉,含蓄雅致。漏景不限于漏窗看景,还有漏花墙、漏屏风、漏隔扇等,疏林树干也是好材料,植物宜高大,枝叶不过分郁闭,树干宜在背阴处,排列宜与远景并行。

4. 添景

当风景点与远方之间没有其他中景、前景过渡时,为求主景与对景有丰富的层次感,加强远景"景深"的感染力,常做添景处理。添景可用建筑的一角或建筑小品、树木花卉。用树木作添景时,树木体型宜高大,姿态宜优美。如在湖边看远景常有几丝垂柳枝条作为前景处理,这样装饰就很生动。

(六)点景手法

我国园林善于抓住每一景观特点,根据它的性质、用途,结合空间环境的景象和历史给予高度概括,创作出形象化、诗意浓、意境深的园林题咏,其形式有对联、匾额、石碑、石刻等。题咏的对象更是丰富多彩,无论景象、亭台楼阁、一门一桥、一山一水,甚至于名木古树都可以给以题名、题咏。如万寿山、爱晚亭、天涯海角、南天一柱、泰山松、将军树、迎客松、兰亭、花港观鱼、正大光明、纵览云飞、石碑林等。它不但丰富了景的欣赏内容,增加了诗情画意,点出了景的主题,给人以艺术联想,还有宣传、装饰和导游的作用。各种园林题咏的内容和形式是园林中造景不可分割的组成部分。我们把创作、设计园林题咏称为点景手法,它是诗词、书法、雕刻、建筑艺术等的结合。好的园林题咏,起着画龙点睛的作用,为游人增添游兴。

第二节　园林艺术设计基本原则

一、园林艺术布局构图的含义、特点和基本要求

(一)园林艺术布局构图的含义

所谓"构图"即组合、联系和布置的意思。园林绿地构图是在工程技术、经济可能的

条件下,组合园林物质要素(包括材料、空间、时间),联系周围环境,并使其协调、取得绿地形式美与内容美高度统一的创作技法,也就是规划布局。这里,园林绿地的内容,即性质、功能、用途,是园林绿地构图形式美的依据,园林绿地建设的材料、空间、时间是构图的物质基础。

(二)园林绿地构图的特点

1. 园林是一种主体空间艺术

园林绿地构图是以自然美为特征的空间环境规划设计,绝不是单纯的平面构图和立面构图。因此,园林绿地构图要善于利用地形、地貌、自然山水、绿化植物,并以室外空间为主又与室内空间互相渗透的环境创造景观。

2. 园林绿地构图是综合的造型艺术

园林美是自然美、生活美、建筑美、绘画美、文学美的综合,它是以自然美为特征的。有了自然美,园林绿地才有生命力。因此,园林绿地常借助各种造型艺术加强其艺术表现力。

3. 园林绿地构图受时间变化影响

园林绿地构图的要素(如园林植物、山、水等)、景观都是随着时间、季节的变化而变化的,春、夏、秋、冬植物景色各异,山水变化无穷。

4. 园林绿地构图受地区自然条件的制约性很强

不同地区的自然条件(如日照、气温、湿度、土壤等)各不相同,其自然景观也就各不相同,园林绿地只能因地制宜,随势造景,景因境出。

(三)园林绿地构图的基本要求

(1)园林绿地构图应该先确定主题思想,即意在笔先,还必须与园林绿地构图的实用功能相统一,要根据园林绿地的性质、功能用途确定其设施与形式。

(2)要根据工程技术、生物学要求和经济上的可能性进行构图。

(3)按照功能进行分区,各区要各得其所。景色分区要各有特色,化整为零,园中有园,互相提携,又要多样统一,既分隔又联系,避免杂乱无章。

(4)各园都要有特点、有主题、有主景,要主次分明,主题要突出,避免喧宾夺主。

(5)要根据地形地貌特点,结合周围景色、环境,巧用因借,做到"虽由人作,宛自天开",避免矫揉造作。

(6)要具诗情画意,它是我国园林艺术的特点之一。诗和画把现实风景中的自然美提炼为艺术美,上升为诗情和画意。园林造景,要把这种艺术中的美,即诗情和画意,搬回到现实中来。实质上就是把我们规划的现实风景,提高到诗和画的境界。这种现实的园林风景,可以产生新的诗和画,使人能见景生情,也就是达到并具有了诗情画意。

二、园林艺术设计的基本规律

写文章有文法章法,作画有画论技法,园林艺术也有其布局构图法则,它与其他造型艺术有共同的基本规律。

(一)统一与变化

任何完美的艺术作品,都有若干不同的组成部分。各个组成部分之间既有区别,又有

内在联系,通过一定的规律组成一个完整的整体。其各部分的区别和多样,是艺术表现的变化,其各部分的内在联系和整体,是艺术表现的统一。有多样变化,又有整体统一,是所有艺术作品表现的基本原则。

园林构图的统一变化常具体表现在对比与调和、韵律节奏、主从与重点、联系与分隔等方面。

1. 对比与调和

对比与调和是园林艺术布局的一个重要手法,它是运用布局中的某一因素(如体量、色彩等)中两种程度不同的差异来取得不同艺术效果的表现形式,或者说是利用人的错觉来互相衬托的表现手法。差异程度显著的表现称为对比,能彼此对照,互相衬托,更加鲜明地突出各自的特点;差异程度较小的表现称为调和,使彼此和谐,互相联系,产生完整的效果。在园林绿化中采用对比处理,可使景观生动活泼,但只有对比,无调和,则景观会杂乱无章。因此,园林景观要在对比中求调和,在调和中求对比,使景观既丰富多彩,生动活泼,又突出主题,风格协调,即对比与调和是相辅相成的。

对比与调和只存在于同一性质的差异之间,如体量的大小,空间的开敞与封闭,线条的曲直,颜色的冷暖、明暗,材料的粗糙与光滑等。不同性质的差异之间不存在调和与对比,如体量大小与颜色冷暖就不能比较。

对比的手法很多,在空间安排上有欲扬先抑、欲高先低、欲大先小、以暗求明、以隐求显、以素求艳等。现就造景布局的对比与调和分述如下:

(1)形象的对比。园林布局中构成园林景物的线、面、体和空间常具有各种不同的形状,在布局中只采用一种或类似的形状时易取得协调统一的效果。如在圆形的广场中央布置圆形的花坛,因形状一致显得协调。如果采用差异显著的形状进行布局,则取得对比而突出变化的效果,如在方形广场中央布置圆形花坛或在建筑庭院布置自然式花台。在园林景物中应用形状的对比与调和常常是多方面的,如建筑广场与植物之间的布置,建筑广场在平面上多采用调和的手法,而与植物,尤其与树木之间多运用对比的手法,以树木的自然曲线与建筑广场的直线对比来丰富立面景观。

形象对比是由于视觉上造成幻觉所形成的。如草坪上种一高树,广场中立一旗杆,即可取得高与低、水平与垂直的对比效果,而显得树高与旗杆的挺拔。在树木花草的配植上,要显示乔木之高大,可在乔木下栽种低矮草花,这样就能形成高矮、大小的对比。

(2)体量的对比。体量相同的东西,放在不同环境内,给人的视觉感受造成错觉而不会相同,放在空旷广场中会感觉其小,放在小室内会感觉其大,这就是小中见大、大中见小的道理。园林布局中常用若干较小体量的物体来衬托一个较大体量的物体,以突出主题,强调重点。如常在主要景色的周围配以小体量的组成内容。比如说颐和园的佛香阁与周围的廊,廊的规格小,显得佛香阁更高大、更突出。还有一个例子,就是颐和园的后山,后湖北面的山比较平,在这个山上有一小庙,小庙的体量比一般的庙要小得多,在不太远的万寿山上一望,庙小似乎山远,山远本来矮也就不感觉低了。

(3)方向的对比。在园林的体形、空间和立面的处理中,常常运用垂直和水平方向的对比,以丰富园林景物的形象。如园林中常把山水互相配合在一起,使垂直方向上高耸的山体与横向平阔的水面互相衬托,避免了只有山或只有水的单调。在园林植物的种植设

计中常采用挺拔高直的水杉、池杉形成竖向线条,低矮丛生的灌木绿篱形成水平线条,两者组合形成对比,在空间布置上忽而横向,忽而纵向,忽而深远,忽而开阔,造成方向上的对比,增加空间方向变化的效果。

(4)开闭的对比。在空间处理上,开敞的空间与闭锁的空间也可形成对比。在园林绿地中利用空间的收放、开合,形成敞景与聚景的对比。开敞空间景物在视平线以下可旷望,闭锁空间景物高于视平线,可近寻。开朗风景与闭锁风景两者共存于同一园林之中,相互对比、彼此烘托,视线忽远忽近、忽放忽收。自闭锁空间窥视开敞空间,可增加空间的对比感、层次感,创造"庭院深深深几许"的境界,达到引人入胜的效果。

(5)明暗的对比。由于光线的强弱,造成景物、环境的明暗,给人以不同的感受。明,给人以开朗、活泼的感觉;暗,给人以幽静、柔和的感觉。在园林绿地中布置明朗的广场空地,供游人活动;布置幽暗的疏林、密林,供游人散步休息。在树丛的配植布局上,常用开闭对比的手法形成明暗的对比。明暗对比强烈的景物令人有轻快振奋的感觉,而明暗对比柔和的景物则会令人有柔和沉郁的感觉。在密林中留块空地,叫林间隙地,是典型的明暗对比,如同较暗的屋中开个天窗,真是"柳暗花明又一村"。

(6)虚实的对比。园林绿地中的虚实常常是指园林中的实墙与空间、密林与疏林及草地、山与水的对比,等等。在园林布局中要做到虚中有实、实中有虚是不容易的,但又是很重要的。

园林中水景倒影与实物,运用镜面的反景与实物,云雾中忽隐忽现的景物,都能使人产生强烈的趣味,这就是虚实对比的效果。

虚给人轻松,实给人厚重的感觉。水面中有个小岛,水体是虚,小岛是实,因而形成虚实对比,能产生统一中有变化的艺术效果。园林中的围墙,常做成透花墙或铁栅栏,就是打破了实墙的沉重闭塞之感觉,产生虚实对比效果,隔而不迷,求变化于统一,与园林气氛很协调。

(7)色彩的对比。色彩的对比与调和包括色相和色度的对比与调和。色相的对比是指相对的两个补色,产生对比效果,如红与绿,黄与紫。色相的调和是指相邻的色,如红与橙、橙与黄等。颜色的深浅叫色度,黑是深,白是浅,深浅变化即黑到白之间变化。一种色相中色度的变化是调和的效果。园林中色彩的对比与调和是指在色相与色度上只要差异明显就可产生对比的效果,差异近似就产生调和的效果。利用色彩对比关系可引人注目,如"万绿丛中一点红"。比如,秋林红叶宜用深绿色背景树林作衬托;桃柳配植,桃以柳为背景,即桃红柳绿。"牡丹虽好,尚需绿叶扶持",银杏秋色黄叶适宜以蓝天为背景……所有这些都是运用色彩的对比关系,特别醒目。

(8)质感的对比。在园林布局中,常常可以运用不同材料的质地或纹理来丰富园林景物的形象。材料质地是材料本身所具有的特性。不同材料质地给人以不同的感受,如粗面的石材、混凝土、粗木、建筑等给人以稳重的感觉,而细致光滑的石材、细木、植物等给人以轻松的感觉。

总的来说,对比与调和在园林中的运用是很普遍的,综合运用得当,就可使景观起到互为衬托的作用,当然当中也要注意主次分明。以小衬大,以低衬高,可显得更加伟大。以虚衬实,使物体由笨重转为灵活。以前衬后,可增加层次和深度。以明衬暗,或反之,可

增加立体感。建筑物周围配植花木,可衬托建筑物的雄伟或灵巧,而且色彩均富变化。

2. 韵律节奏

概括地说,韵律节奏是指艺术表现中(某一因素)有规律的重复、有组织的变化的种种现象,如水光激滟,倒景涟漪,都给人以视觉上的美感。重复是获得韵律的必要条件,只有简单的重复而缺乏有规律的变化,就会令人感到单调、枯燥,所以韵律节奏是园林艺术布局多样统一的重要手法之一。如林荫道、树木、花坛、园椅等常常有规律地安排重复出现;游览路线中有组织的连续景观的出现,都是韵律节奏的运用。

园林中常见的韵律节奏形式有:

(1)连续的韵律。连续的韵律系由同种因素等距离反复出现的连续构图,如等距的行道树,等高等距的长廊,等高等宽的登山道、爬山墙等。

(2)交替的韵律。交替的韵律系由两种因素交替等距反复出现的连续构图。行道树用一株桃树一株柳树反复交替的栽植方式,两种不同花坛的等距交替排列,登山道一段踏步与一段平面交替等。

(3)渐变的韵律。渐变的韵律系指园林布局中连续重复的组成部分,在某一方面作规则的逐渐增加或减少所产生的韵律,如体积的大小,色彩的浓度,质感的粗细等。渐变的韵律也常常在各组成部分之间有不同程度或繁简上的变化。园林中在山体的处理上、建筑的体型上,经常应用从下而上愈变愈小,如塔的体型下大上小,间距也下大上小等。

(4)起伏曲折的韵律。起伏曲折的韵律系指由一种或几种因素在形象上出现较有规律的起伏曲折变化所产生的韵律。在园林布局中常组成犹如波浪起伏的变化,景观忽高忽低、忽深忽广有间断的变化,达到步移景异,既有明显的差别,又不生硬的统一。如连续布置的山丘、建筑、树木、道路、花径等,可有起伏曲折变化,并遵循一定的节奏规律,围墙、绿篱也有起伏式的。

(5)拟态韵律。拟态韵律系指既有相同因素又有不同因素反复出现的连续构图。如花坛的外形相同,但花坛内种的花草种类、布置形式又各不相同。又如漏景的窗框一样,漏窗的花纹装饰又各不相同等均是用的拟态韵律。

(6)交错韵律。交错韵律系指某一因素作有规律的纵横穿插或交错,其变化是按纵横或多个方向进行的。如空间一开一合、一明一暗,景色有时鲜艳、有时素雅,有时热闹、有时幽静,如果组织得好都可产生节奏感的。常见的例子是园路的铺装,用卵石、片石、水泥板、砖瓦等组成纵横交错的各种花纹图案,连续交替出现,设计得宜,能引人入胜。

在园林布局中,有时一个景物往往有多种韵律节奏方式可以运用,在满足功能要求的前提下,可采用合理的组合形式,能创作出理想的园林艺术形象。所以说,韵律是园林布局中统一与变化的一个重要方面。当然,在园林中运用韵律节律手法,还需要考虑对比调和、主从、均衡、稳定、比例等综合手法,合理组合,才能创造出完美的艺术形象。

3. 主从与重点

1)主与从

在艺术创造中,一般都应该考虑到一些既有区别又有联系的各个部分之间的主从关系,并且常常把这种关系加以强调,以取得显著的宾主分明、井然有序的艺术效果。

园林布局中的主要部分或主体与从属体,一般都是由功能和使用要求来决定的。从

平面布局看,主要部分常成为全园的主要布局中心,次要部分成次要的布局中心。次要布局中心既要有相对独立性,又要从属于主要布局中心,要能互相联系,互相呼应。

一般缺乏联系的园林各个局部是不存在主从关系的。所以,取得主要与从属两个部分之间的内在联系,是处理主从关系的前提,但相互之间的内在联系只是主从关系的一个方面,而二者之间的差异是更重要的一个方面。适当处理二者的差异则可以使主次分明,主体突出。因此,在园林布局中,以呼应取得联系和以衬托显出差异,就成为处理主从关系不可分割的两条原则。

关于主从关系的处理方法,大致有以下两个方面:

(1)组织轴线,安排位置,分清主次。在园林布局中,尤其在规则式园林中,常常运用轴线来安排各个组成部分的相对位置,形成它们之间一定的主从关系。一般是把主要部分放在主轴线上,从属部分放在轴线两侧和副轴线上,形成主次分明的局势。在自然式园林中,主要部分常放在全园重心位置,或无形的轴线上,而不一定形成明显的轴线。

(2)运用对比手法,互相衬托,突出主体。在园林布局中,常用的突出主体的对比手法是体量大小的对比和高低的对比。某些园林建筑各部分的体量,由于功能要求的关系,往往有高有低,有大有小。在园林布局上利用这种差异,并加强调,可以获得主次分明、突出主体的效果。另一种常见的突出主体的对比手法是形象上的对比。在一定条件下,一个高出的体量、一些曲线、一个比较复杂的轮廓突出的色彩和艺术修饰等,都可以引起人们的注意。

2)重点与一般

重点处理常用于园林景物的主体和主要部分,以使其更加突出。此外,它也可以用于一些非主要部分,以加强其表现力,取得丰富变化的效果。因而重点处理也常是园林布局中有意识地从统一中求变化的手段。

一般选择重点处理的部分和方法有以下几个方面:

(1)以重点处理来突出表现园林功能和艺术内容的重要部分,使形式更有力地表达内容。例如,园林的主要出入口,重要的道路和广场,主要的园林建筑等常做重点处理,使游人直观后易于明了园林各个部分的主次关系,起到引导人流和视线方向的作用。

(2)以重点处理来突出园林布局的关键部分,如对园林景物体量突出部分,主要道路的交叉转折处和结束部分,视线易于停留的焦点等处(包括道路与水面的转变曲折处、尽头、岛、堤、山体的突出部分,游人活动集中的广场与建筑附近)加以重点处理,可使园林艺术表现更加鲜明。

(3)以重点处理打破单调,加强变化或取得一定的装饰效果。如在大片草地、水面和密林部分,可在边缘或地形曲折起伏处做重点处理,或设置建筑或配植树丛,在形式上要有对比和较多的艺术修饰,以打破单调的枯燥感。

总之,"重点"是对一般而言的,因此,选择重点处理不能过多,以免流于烦琐,反而得不到突出重点的效果。当然,重点处理是园林布局中运用最多的手法之一,如果运用恰当,可以突出主题,丰富变化,不善于运用重点处理,就常常会使得布局单调乏味。然而如果不恰当地过多运用,则不仅不能取得重点表现的效果,反而分散了游人的注意力,造成混乱,所以,设计者一定要综合考虑,掌握好正确运用"重点"这个"度"和适量问题。

4.联系与分隔

园林绿地都是由若干功能和使用要求不同的空间或局部组成的,它们之间都存在必要的联系与分隔,一个园林建筑的室内与庭院之间也存在联系与分隔的问题。

园林布局中的联系与分隔是组织不同材料、局部、体形、空间,使它们成为一个完美的整体的手段,也是园林布局中取得统一与变化的手段之一。

园林布局的联系与分隔表现在以下几个方面:

(1)园林景物的体形和空间组合的联系与分隔。园林景物的体形和空间组合的联系与分隔,主要决定于功能和使用要求,以及建立在这个基础上的园林艺术布局的要求。为了取得联系的效果,常在有关的园林景物与空间之间安排一定的轴线和对应的关系,形成互为对景或互相呼应,利用园林中的树木种植、土丘、道路、台阶、挡土墙、水面、栏杆、桥、花架、廊、建筑门、窗等作为联系与分隔的构件。

园林建筑室内外之间的联系与分隔,要视不同功能要求而定。大部分要求既分隔又有联系,常运用门、窗、空廊、花架、水、山石等建筑处理把建筑引入庭院,有时也把室外绿地有意识地引入室内,丰富室内景观。

(2)立面景观上的联系与分隔。立面景观的联系与分隔,也是为了达到立面景观完整的目的。有些园林景物由于使用功能要求不同,形成性格完全不同的部分,容易造成不完整的效果。如在自然的山形下面建造建筑,若不考虑两者之间立面景观上的联系与分隔,往往显得很生硬。有时为了取得一定的艺术效果,可以强调分隔或强调联系。

分隔就是因功能或者艺术要求将整体划分为若干个局部,而联系却是因功能或艺术要求将若干个局部组成一个整体。联系与分隔是求得完美统一的园林布局整体的重要手段之一。

上述对比与调和、韵律与节奏、主从与重点、联系与分隔都是园林布局中统一与变化的手段,也是统一与变化在园林布局中各个方面的表现。在这些手段中,调和、主从、联系常作为统一中求变化的手段。

所有这些统一与变化的各种手段,在园林布局中常同时存在、相互作用,必须综合地而不是孤立地运用上述手段,才能取得统一而又变化的效果。

园林布局的统一还应该具备这样一些条件:①要有园林布局各部分处理手法的一致性,一个园子要差不多一致,如建筑材料处理上,有些山附近产石,把石砌成虎皮石,用在驳岸、挡土墙、踏步等各个方面,但样子可以千变万化。②园林各部分表现性格的一致性,如用植物材料表现性格的一致性,墓园在国外常用下垂的、攀缘的植物(如垂柳、垂枝桦、垂枝雪松等)体现哀悼、肃穆的性格。我国的寺庙、纪念性园林常用松柏体现园子的性格,如长沙烈士陵园、南京雨花台烈士陵园等处的龙柏,北京天坛的松柏,人民英雄纪念碑附近的油松等。③园林风格的一致性,如我国园林的民族风格,在布置时就应该注意,中国古典园林中就不适宜建筑小洋楼,使用植物材料也不适宜种一些国外产的树木或整形式的构件。如缺乏这些方面的一致性,仍可能达不到统一的效果。

(二)比例与尺度

比例与尺度是园林艺术布局的基本概念,它直接影响园林绿地的造景。园林绿地是由观赏植物、园林建筑、山石、水体等组成的,它们之间在布局上都有一定适度的比例和尺

度关系。

园林绿地布局的比例一方面是指园林景物、建筑物整体或它们的某个局部构件本身长、宽、高之间的大小关系,但更重要的是指园林景物、建筑物整体与局部或局部与局部之间的空间形体、体量大小的关系,不是单纯的平面比例关系。布局中的尺度是指景物与人的身高、使用活动空间的度量关系,因为人们习惯用人的身高和活动所需要的空间作为视觉感知的度量标准。

园林绿地布局的比例与尺度都要以使用功能和自然景观为依据。如苏州古典园林,明清时的封建官僚士大夫都是效法自然山水,经过提炼浓缩后再现在有限的空间范围里,布局而成的建筑间道路曲折有致,尺度也较小,整个园林建筑、山、水、树、路等比例配合成为私家园林游赏是相称的,但是供作现代大众游览玩赏,整个庭园就显得拥挤无回旋余地,其体量尺度就不符合现代园林的功能要求了。因而不同的功能要求不同的空间尺度,也要求不同的比例,如杭州西湖园林、北京颐和园园林,它们的比例尺度就比苏州古典园林为大,很适合现代群众的活动功能要求。

园林绿地布局除考虑组合要素(如建筑山水等)本身的比例尺度外,还要考虑它们之间的比例尺度,要安排得宜,大小合适,主次分明,相辅相成,融成一体。

整个园林规模、用地功能的不同,比例尺度的处理也不一样,西湖与太湖都是以湖山取胜的风景区,但二者各有各的尺度比例关系,太湖开阔雄厚,西湖秀丽轻巧,是由于湖的比例尺度的大小而产生了两种不同的景观效果。苏州古典园林的比例尺度则更小,如网师园山小、池小、亭榭小,各部分处理都很合比例尺度要求。

园林绿地中各种布局的比例尺度不但要从本身的组成内容来考虑,而且要同周围环境相结合来考虑,把周围的景色按比例要求组织到园林规划设计中而成为良好的借景。

可以说,凡是造型艺术都有比例问题,但决定比例的因素很多,对于园林布局来说,比例是受工程技术、材料、功能要求、艺术的传统和社会的思想意识以及某些有一定比例的几何形状的影响。

园林建筑物的比例问题主要受建筑的工程技术和材料的制约,如由木材、石材、混凝土梁柱式结构的桥梁所组成的柱、栏杆比例就不同。建筑功能要求不同,表现在建筑外形的比例形式也不可能雷同。例如,对大众开放的展览馆和容人数量少的亭子,要求室内空间大小、门窗大小都不相同。

某些抽象的几何形体本身,有时会形成良好的比例。具有肯定外形易于吸引人的注意力,如果处理得当,就有可能产生良好的比例。所谓肯定外形,就是形状周边的"比率"和位置不能做任何改变,只能按比例放大或缩小,不然就会丧失此种形状的特性。例如正方形、圆形、等边三角形等都具有肯定的外形,而长方形就不是这样,它的周长可以有种种不同的比例,而仍不失为长方形,所以长方形是一种不肯定的外形,但经过人们长期的实践和观察,探索出若干种被认为完美的长方形,"黄金率$[(\sqrt{5}-1)/2]$长方形"就是其中的一种。

尺度是按人的高低和使用活动要求来考虑的,如苏州古典园林当时使用小山、小水、小桥、小亭的办法,使园内布置较多的内容,路求其曲,廊求其折,空间有隔有障有隐有现,可使小中见大,曲折多趣,其尺度是合适的,但作为现代城市公园,有的年份高峰日游人达

数十万,如仍按苏州古典园林的尺度,势必不能满足大众活动的要求了。

道路、广场、草坪虽是根据功能及规划布局的景观确定其尺度,但园林中的一切都要与人发生关系,都是为人服务的,所以也要以人为标准,要处处考虑人的使用尺度、习惯尺度与环境的关系。如台阶的宽度不小于30 cm(约人脚长),高12～18 cm,栏杆、窗台高1 m左右。又如人的肩宽决定路宽,一般园路能容纳两人并行,要求1.2～1.5 m较合适。又比如,高大的展览馆,大门也要大,如不符合这些尺寸比例,使用起来就感到不便,看上去也不习惯,显得尺寸不对。如果人工造景尺度超越人们习惯的尺度,可使人感到雄伟壮观;如果尺度符合一般习惯要求或者较小,则会使人感到小巧紧凑、自然亲切。

一般来说,园林小建筑、踏步、栏杆、围墙、座椅等尺度相对地说比较固定,因为它们直接与人的身高、活动状态紧密联系。

(三)均衡与稳定

由于园林景物是由一定的体量和不同材料组成的实体,因而常常表现出不同的重量感。探讨均衡与稳定的原则,是为了获得园林布局的完整和安定感。这里所说的稳定是指园林布局整体上下轻重的关系,而均衡则是指园林布局中的部分与部分的相对关系,例如左与右、前与后的轻重关系等。

1.均衡

自然界的物体都遵循力学原则,以平衡的状态存在。不平衡的物体与造景使人产生不稳定的感觉。在园林造景中的景物都要求有安定感,以使人觉得舒适悦目。即使悬崖边上的倚斜古树,也是遵循自然界生物适应环境的力学原理而生存的,也具有均衡的力学原理存在,因此,能更为醒目引人好奇。

均衡可分为对称均衡和不对称均衡。

(1)对称均衡。人喜欢对称,对称的布局往往都是均衡的。对称布局有明确的轴线,在轴线左右完全对称。对称均衡布置常给人庄重严肃的感觉,规则式园林绿地中采用较多,如纪念性公园及公共建筑的前庭绿化等,有时在某些园林局部也有运用。

对称均衡小至行道树的两侧对称,花坛、雕塑、水池的对称布置,大到整个园林绿地建筑、道路的对称布局。对称布置有些呆板而不亲切,若没有对称功能和工程条件硬要对称,往往妨碍功能要求及增加投资,故应该尽量避免单纯地追求所谓"雄伟气魄"的平、立面图案的对称处理。

(2)不对称均衡。在园林绿地的布局中,由于受功能、组成部分、地形等各种复杂条件限制,往往很难也没有必要做绝对的对称形式,在这种情况下常采用不对称均衡的手法。

不对称均衡的布置要综合衡量园林绿地构成要素的虚实、色彩、质感、疏密、线条、体形、数量等给人产生的体量感觉,切忌单纯考虑平面的构图。

2.稳定

自然界的物体,由于受地心引力的作用,为了维持自身的稳定,靠近地面的部分往往大而重,而在上面的部分则小而轻,例如山、土坡等。从这些物理现象中,人们就形成了重心靠下、底面积大可以获得稳定的概念。

在园林布局中稳定的概念是指园林建筑、山石和园林植物等上下、大小所呈现的轻重

城市园林绿化规划设计

59

感的关系而言的。

在园林布局上，往往在体量上采用下面大、向上逐渐缩小的方法来取得稳定坚固感。我国古典园林中的高层建筑(如北京颐和园的佛香阁、西安的大雁塔等)都是通过建筑体量上由底部较大而向上逐渐缩小，使重心尽可能低，以取得结实稳重的感觉。另外，在园林建筑和山石处理上常利用材料质地所给人的不同的重量感来获得稳定。如园林建筑的基部墙面多采用粗石和深色的表面处理，而上层部分采用较光滑或色彩较浅的材料，在土山带石的土丘上，也往往把山石设置在山麓部分而给人以稳定感。

(四)比拟联想

艺术创作中常常运用比拟联想的手法，以表达一定的内容。园林艺术不能直接描写或者刻画生活中的人物与事件的具体形象，因此比拟联想手法的运用就显得更为重要。我国园林艺术不仅塑造了自然美的环境，更具有独到意境设计，即"富情于境"，把"情"与"意"通过景而"见景生情"，这就是通过形象思维比拟联想到比园景更为广阔、深远、丰富的内容，创造了许多诗情画意，增添了无限情趣。

比拟联想的方法很多，主要有以下几种。

1. 概括祖国名山大川的气质，摹拟自然山水风景

概括祖国名山大川的气质，摹拟自然山水风景，能创造"小中见大"、"咫尺山林"的意境，使人有"真山真水"的感受，联想起名山大川、自然胜景。我国园林在摹拟自然山水的手法上有独到之处，善于综合运用空间组织、比例尺度、色彩质感、视觉感受等，使人产生"一峰则太华千寻，一勺则江湖万里"的联想，引发热爱祖国大好河山的激情。

2. 运用植物的特性美、姿态美，给人以不同的感染

运用植物的特性美、姿态美，给人以不同的感染，这样产生的比拟与联想也是很多的。如"松"有坚强不屈、万古长青的英雄气概；"竹"象征虚心有节、节高清雅的风尚；"梅"象征不屈不挠、英勇坚贞的品格；"兰"象征居静而芳、高雅不俗的情操；"菊"象征贞烈多姿、不怕风霜的性格；"柳"象征强健灵活、适应环境的优点；"玫瑰花"象征爱情；"荷花"象征廉洁朴素、出污泥而不染；"迎春花"象征大地回春、欣欣向荣；"枫"象征不怕困苦、晚而更红，常用红枫来形容革命先烈的英雄热血。

这些园林植物，如"松、竹、梅"有"岁寒三友"之称，"梅、兰、竹、菊"有"四君子"之称，常是诗人画家吟诗作画的好题材，在园林绿地中适当运用可增色不少。如长沙岳麓山广植枫树，确实"万山红遍，层林尽染"，至爱晚亭，不禁联想起杜牧诗句"停车坐爱枫林晚，霜叶红于二月花"。

3. 运用园林建筑、雕塑造型产生比拟联想

园林建筑、雕塑造型常常与历史事件、人物故事、神话传说、动植物形象相联系，能使人产生艺术联想，如杭州动物园内猴山的水帘洞等。雕塑造型在我国现代园林中应该加以提倡，它在联想中的作用特别显著，如上海虹口公园鲁迅坐像能使人联想到鲁迅的"横眉冷对千夫指，俯首甘为孺子牛"。早在20世纪80年代初，北京市、杭州市就已经开始大量使用雕塑来美化市容了，在1984年笔者给金华市罗店花卉职业中学开设《城市园林绿化规划》课程时也建议金华市用雕塑来装点市容，比如说侍王像、李清照像、朱自清像、艾青像等。进入21世纪以后，全国各地城市都在大量

使用雕塑来美化市容了,比较著名的有:①北海音乐喷泉雕塑,号称亚洲第一钢塑"潮",位于广西北海市银滩旅游度假区的海滩公园内,它是由地道的北海人、中央美术学院副教授魏小明设计,由中房北海公司投资1 000多万元,于1994年用2个月零15天建成。整座雕塑以象征一颗大明珠的球体和7位裸体少女护卫球为主体,并由安装有5 200个喷头的音乐喷泉组成。雕塑高23 m,钢球直径20 m。巨大的钢球是用不锈钢镂空制成的。每当华灯初上时,随着音乐的旋律节奏,水池里的5 200个喷头就从不同方位、不同角度喷射出一条条银色水柱,宛若仙女起舞,婀娜多姿,迷煞万千游人。水柱最高可达70 m,为亚洲第一。整座建筑以大海、珍珠、潮水为背景,与钢球、喷泉、铜像遥相呼应,既显示出海的风采,又构成潮水的韵律,使传统的人文精神与现代雕塑建筑艺术融为一体。②大连星海广场立体城雕——1999年,为纪念大连建市百年,在大连市星海广场南部海滨建起一座巨型立体城雕。立体城雕占地5 000 m²,长100 m,宽50 m,形同打开的一本大书平铺在海岸边。各界人士足迹的青铜浮雕由北向南信步而行,同城雕主体相接后,又伸向两个孩童组成的雕塑前,孩童面向宽阔无边的大海,手指无际的远方。整个城雕设计新颖,令人浮想联翩,匠心独运,寓意深刻,令欣赏者驻足遐想,回味无穷。整个设计打破了常规的立式雕塑手法,开创了国内卧式雕塑平放于海岸边的先河。百年城雕为滨城大连又增添了一处景观——城雕赏月。在宁静的夜晚,淡淡的月色涌动在海湾的波光粼粼之中,巨卷轻展,沐浴着岁月沧桑。灯光闪烁,斗转星移,你一定会读懂海滨之城大连的世纪画卷,甚或会聆听到千人足迹浮雕,在淡淡月光和沙沙作响的微风中,从逝去的时光中挽月走来,又昂首走向遥远的明天。两个天真的儿童,寄托着滨城的希冀,指点大海,仰望皓月,期待着更为美好的未来和迎接新一天的黎明。

4.遗址仿古产生的联想

我国历史悠久,古迹文物很多,存在许多民间传说、典故、神话及革命故事,如果利用遗址仿古,对游人一定有很大的吸引力,内容也特别丰富。如杭州的岳坟、灵隐寺,北京的颐和园、圆明园,南京的中山陵、雨花台,现在利用遗址仿古联想比较成功的有北京的圆明园遗址公园、杭州的"宋城"文化公园。将来如果杭州真正的南宋皇城遗址公园能够建立起来,那将是中国的又一利用遗址仿古联想的成功典范。

5.风景题名题咏所产生的比拟与联想

在园林中,好的题名题咏对"景"起了"画龙点睛"的作用,而且含意深、韵味浓、意境高,能使游人产生诗情画意的联想。如西湖的"平湖秋月",每当无风的月夜,水平似镜,秋月倒影湖中,令人联想起"万顷湖面长似镜,四时月好最宜秋"的诗句。又如羊城新八景的"罗岗香雪",意境新奇,南国无雪,但罗岗多梅,在梅林里踏着落英缤纷的梅花瓣,就犹如踏雪寻梅。

(五)空间组织

空间组织与园林布局关系密切,空间有室内外之分,建筑设计多注意室内空间的组织,建筑群与园林绿地规划设计则应该多注意室外空间的组织及室内外空间的渗透过渡。

园林绿地空间组织的目的是在满足使用功能的基础上,运用各种艺术构图的规律创造既突出主题又富于变化的园林风景;其次是根据人的视觉特性创造出良好的景物观赏

条件,使一定的景物在一定的空间里获得良好的观赏效果,适当处理观赏点与景物的关系。

1. 视景空间的基本类型

(1)开敞空间与开朗风景。人的视平线高于四周景物的空间是开敞空间,开敞空间中所见到的风景是开朗风景。开敞空间中视线延伸到无穷远处,视线平行向前,视觉不易疲劳。开朗风景使人目光宏远,心胸开阔,壮观豪放。古人诗云:"登高壮观天地间,大江茫茫去不还",正是开敞空间、开朗风景的写照。但开朗风景中如游人视点很低,与地面透视成角很小,则远景模糊不清,有时见到大片单调天空。如果提高其视点位置,透视成角加大,远景鉴别率也就大大提高了,视点愈高,视野愈宽阔,因而就有"欲穷千里目,更上一层楼"的需要了。

(2)闭锁空间与闭锁风景。人的视线被四周屏障遮挡的空间是闭锁空间,闭锁空间中所见到的风景是闭锁风景。屏障物之顶部与游人视线所成角愈大,则闭锁性愈强,反之成角愈小则闭锁性也愈弱,这也与游人和景物的距离有关,距离愈小,闭锁性愈强,距离愈远,闭锁性愈弱。闭锁风景的近景感染力强,四周景物可琳琅满目,但久赏易感闭塞,易觉得疲劳。

(3)纵深空间与聚景。在狭长的空间中,如道路、河流、山谷两旁有建筑、密林、山丘等景物阻挡视线,这狭长的空间叫纵深空间,视线的注意力很自然地被引导到轴线的端点,这种风景叫聚景。

开朗风景缺乏近景的感染力,而远景又因和视线的成角很小,距离远,色彩和形象不鲜明。所以园林中如果只有开朗风景,虽然给人以辽阔宏远的情感,但久看觉得单调。因此,希望有些闭锁风景近览,但闭锁的四合空间,如果四面环抱的土山、树林或建筑与视线所成的仰角超过15°,景物距离又很近时,则有井底之蛙的闭塞感,这时又想有些开朗风景。所以园林中的空间布局,既不能片面强调开朗,也不能片面强调闭锁。同一园林中,既要有开朗的局部,也要有闭锁的局部,开朗与闭锁要综合应用,开中有合,合中有开,两者共存,相得益彰。

2. 空间展示程序与导游线

风景视线是紧相联系的,要求有戏剧性的安排、音乐般的节奏,既有起景、高潮、结景空间,又有过渡空间,使空间主次分明,开、闭、聚适当,大小尺度相宜。

3. 空间的转折

空间的转折有急转与缓转之分。在规则式园林空间中常用急转,如在主轴线与副轴线的交点处。在自然式园林空间中常用缓转,缓转有过渡空间,如在室内外空间之间设有空廊、花架之类的过渡空间。

两空间之分隔有虚分与实分。两空间干扰不大,须互通气息者可虚分,如用疏林、空廊、漏窗、水面等。两空间功能不同、动静不同、风格不同,则宜实分,可用密林、山阜、建筑、实墙来分隔。虚分是缓转,实分是急转。

第六章　园林风景布局规律

第一节　园林风景的规划布局结构

尽管园林绿地类型繁多,千变万化,但与任何事物一样,都有其一定的组织结构,就像一篇文章一样,不管其内容如何,也不管作者运用了哪些创作手法,其总是有一定的组织结构的。园林绿地的布局结构是规划设计中首先要解决的问题。

一、园林绿地性质与功能是影响规划布局结构的决定因素

"园以景胜,景因园异"。园林绿地的最大差异是性质与功能的差异,如苏州古典园林是明清官僚地主、封建士大夫的私家写意山水园林,北京颐和园是清宫花苑园林,杭州"花港观鱼"是新中国成立后新扩建的游憩公园,成都杜甫草堂是历史名人纪念园林,广州砂泉别墅是旅馆庭园……因为性质不同,所以园林绿地的性质与功能是影响布局结构的决定因素。因此,在研究一个园林绿地的规划结构前,必须调查了解该园林在整个城市园林绿地系统中的地位和作用,明确其性质和服务对象。

二、组织景区(景域)景点

在园林绿地的规划布局上应该先组织和划分景区,目的是在满足使用功能和观赏功效的基础上,运用各造景艺术手法创造既突出主景(主题),又富于变化的园林景观,使一定的景物在一定的空间里获得良好的观赏功效和使用功能。凡是在景区中观赏价值较高的部位叫景点,它是构成园林绿地的基本单元。一般园林绿地均由若干个景点组成一个景区,再由若干个景区组成整个园林,这是我国传统手法中的"园中有园"规划结构思想的运用。景区、景点有大有小,大的如杭州西湖园林中的西湖十景的景区(景域),小的如庭园角隅一树一石头的配置。

组织景区结构要符合节奏规律,有起点,有连续,有转折,有高潮,还要有结尾。景区的变化有开敞、闭合、纵深等类型,还有室内、室外和半室内的不同区别,要主次分明,开闭聚合适当,大小尺度相宜。如杭州"虎跑"园林,首先山门"虎跑"二字给人以起点的启示,入门沿谷溪旁的游步道两旁,山林葱郁,空谷低回的溪流声引人寻泉之源,这是序幕的起景,经350 m纵深景区,抵达二山门形成聚景,进门的风华厅是个封闭景区,转而仰见"虎跑泉"三字照壁,登上48级踏步,沿曲墙,见钟楼,是半聚景的纵深景区,此后,从一个庭院接一个庭院的连续景区导向开敞的"虎跑泉",滴翠崖下赏泉源,庭深廊引探虎纵,这便是整个虎跑园林风景区的高潮景区,这个游程中的各景区,有忽开忽闭,有忽室内忽室外,有忽高忽低等节奏的变化,最后休息起坐,赏览南部、西部半封闭的松林、竹林,成为尾声结景。

组织景区之间的转折过渡，采用游人欲进而不能的矛盾心理，逗人产生特殊游兴，是我国古典园林特有的艺术手法之一。如杭州"三潭印月"，游人至洁白粉墙"曲径通幽"的月洞门前，"花窗飞禽修竹衬，月洞门里出景深"，可是墙前侧方"花木亭台曲桥渡，疑人恍入画中游"的另一番情趣，使你有欲进洞门玩不能，前进曲桥又不可的感觉。园林中采用组织这类手法的景区是特别有趣味的。

三、导游路线和风景视线

导游路线也可称游览观赏线，使游人能充分观赏各个景区和景点。一篇文章有段落起承转合，一场戏有序幕转折、高潮和尾声的处理，园林中的导游路线也是以这种程序设计的，固然倒过来游览也并无不可，但规划设计还是应该注意以上的布局程序，使游览路线中突出主题（主景），先经序幕再渐开展，然后高潮，最后尾声。好像是观看一场具有吸引性的戏剧和阅读一篇富有诗情画意感的游记。

我国古典园林对导游路线十分讲究，可步移景异，层次深远；可水可陆，爬山涉水，高低错落，抑扬进退，开合敞闭，使身经不同境界而循序渐进，达到以小见大和虽由人作宛如天工的艺术功效。

面积较小的园林一、二条导游路线即可解决问题，而面积较大的园林，则需要设几条导游路线，联合和串联各景区，也可有捷径小路布置，方便游人往返，但捷径宜隐藏。

有了美丽的景区和良好的导游路线，还要组织良好的风景视线，才能发挥园林景观的最大感染力。风景视线的布置原则主要在隐与显二字上，要隐显并用。显的风景视线就是开门见山。半隐半显也就是忽隐忽现，如苏州虎丘塔，在远处看到时启示人们该处有景可观，起提示作用，但到虎丘塔时，塔又消失在其他景物之后，才进入山门，塔又显示在树丛山石之中。隐就是深藏不露，风景视线在探索前进中，景区、景点深藏在山峦树丛中，造成峰回路转、深谷藏幽、柳暗花明、豁然开朗的境界，使游人感到变幻莫测。在导游路线中，应该是组织以上视线的变化，使游人感到变化多端、深奥莫测、游兴未尽。

四、规划布局结构的一般原则

（一）园有特征、景有风格

园林特征和风格系指反映一定时代、一定国家民族习惯的园林艺术形象的特征，它与园林布局形式既有联系，又有区别。同样是我国的自然式园林，北方园林、江南园林和岭南园林的风格特征各有异趣。

风格特征主要反映以下三个特点：

（1）时代特点。不同的社会制度，不同的时代，有不同的风格。我国封建社会时期，北方多帝皇宫苑园林，多雄伟严整而富丽堂皇。江南多巨商、士大夫私家园林，讲究轻巧活泼素雅。

（2）地方特点。我国地域辽阔，自然条件、造园材料、生活习惯各有不同。建造的园林也各具地方风格，北方以稳重雄伟著称，南方以明丽典雅见长。

（3）国家民族习惯特点。各国情况不同，风格也不同，即使一个国家也由于各民族与地区的生活习惯不同，园林绿地的风格也随之不同。如，新疆维吾尔族习惯于毛毯上进

餐,园林中必设置草坪;广东人喜欢傍晚乘凉,多设置夜花园,多种夜晚间的香花和装置照明设备;南京、南昌、武汉、重庆(传统上的四大火炉)夏季炎热,园林应该布置水面、林荫及游泳池等。北方园林中设有溜冰场。上海、广州、杭州、扬州、成都等地居民喜爱盆景花卉,也会影响这些地方的园林风格。

在园林绿化的风格创作上,切忌千篇一律,要继承和发扬民族形式的风格,有分析地吸收和继承优秀遗产,并借鉴国外的好经验。不单纯在形式上做文章,要从精神实质上去吸收学习,既要有我国的传统特色,又要符合我们这个时代所要求的革新风格。总而言之,园林是艺术,要给人以精神享受,使人见景生情,寓情于景。诗情画意是我国园林的传统特点之一,有画有意才称之为景,无画无意则格调不高,有意无画味同说教。

（二）因地因时制宜

对园林绿地的规划布局,首先要按照性质、功能和规模的要求,调查研究地区自然条件、植物生长条件、工程技术条件以及传统风格、生活习惯等,然后根据用地的具体情况,考虑四季朝夕,因地制宜,因时制宜,方能布局得体,风格相宜,少烦人事之工,多得建园效益。

"相地立基"是园林绿地规划的首要问题。相地是选点,立基是布局。若选点不佳,动物园中无水源,植物园中有"三废"威胁,安静的休息区有噪声干扰,那就难以收到规划布局的预期效果了。

园林绿地的选点常与起伏地形、山水树木、名胜古迹相联系。真山真水,气势幽深,不烦人工,即能引人入胜。但真山真水不能俯拾皆是,即便真山真水有时也须整理改造,使人巧与天工相结合,满足规划要求。城市中心地带,如自然山水难得,则首先选水,其次选山。水面宁静开阔,碧波荡漾,上下天光,能扩大景观。山有起伏气势,轮廓丰富,登高望远,开阔胸襟。如太湖、西湖、瘦西湖、昆明湖、玄武湖、东湖、大明湖等,不但都有广阔的水面,而且大多数还兼有起伏的山峦,为园林绿地和城市增色不少。

园林绿地的布局,应该充分掌握原有自然风貌的特点,或作适当改造,组织剪裁,进行建筑、道路、场地、泥沼、山石、植物的安排,务必扬其所长,隐其所短,发挥其最好的作用。

山林地造园,力求清旷古朴,保持林木葱郁、溪涧送响的自然景色。盘曲山道可接以房廊,使建筑与自然环境相互渗透,交融为一体。

城市造园,宜闹中求静,功能分区各得其所。尽量保留树木湖池,山不必求高求深,精在片山多致,寸石生情。力求意境清丽幽雅。

小面积的平地造园,面积虽小,但可把视景空间扩展到园外去。水面可多,聚而成池,有浮空泛影、小中见大、扩展空间的作用。

江湖滨海造园,云山烟水、鸥鸟游鱼、舟帆往返、平远开阔,应该注意组织水乡风光。在深柳疏芦之际,略增小筑,即有景可观,如在矶石建高阁、水上筑楼台,衬以碧波千顷,就更有气势了。

高阜宜墙,低处宜挖,顺应自然,土石方工程量少而高低倍增。

在建筑布置上,山麓基址,如山势陡峭,可独立山外,紧邻山麓,借植物绿化与山势取得联系。如峭壁处的地质条件允许,可将建筑附着在峭壁上,更富于表现力。如山势较缓,则建筑可依山盘放,分层而上,组成壮丽的建筑组群。山腰或峰峦的基址,或横向发

城市园林绿化规划设计

65

展,或纵向发展,顺应山脉气势,高低错落,突出天际线,组成雄伟的景观,或掩映在丛林中,使有幽深的感觉。溪涧山谷中的基址,则先隐后露,采取"疑无路、又一村"的手法,使建筑突然展现在游人眼前,而成"别有洞天"的境界。

总之,要结合地形地貌,巧于因借,景到随机。得景随形,洼地开湖,土岗堆山,俗则屏之,嘉则收入,既经济又自然。

(三)充分估计工程技术上和经济上的可靠性

园林绿地规划布局中,工程技术设计原则上要就地取材,因材设计,有的还要就地移料,因料设计,这样不仅能节约投资,而且还能保持地方风格。

1. 植物材料

植物材料应该从地方气候、栽植条件出发,多选用地方树种和经引种驯化可推广的外地树种。种苗方面,近期以当地现有苗圃及附近野生可供苗木为设计依据,远期可根据当地可以实现的更为理想的树种作为苗木规划。大面积绿化以栽植、繁殖、移植容易又符合园林观赏要求的植物为主,重点地区可采用较名贵的花木。

2. 园林建筑

园林建筑在园林中有画龙点睛之效,但不必追求高级材料和华丽装饰,要因地制宜分别对待。一般以明朗、轻快、素雅、大方为宜,并结合地形地貌、平面布局、景区组合、适用功能等深入研究。特别是布局位置的选择,古人诗有"谁家亭子碧山巅"之说,碧山巅有了亭子,给碧山增添了寻景需要,提高了园林艺术价值,碧山与亭子是相得益彰的。

五、规划布局结构的基本形式

园林绿地的规划布局结构形式是为园林绿地性质、功能要求服务的,是受园林绿地内容、自然条件、造园材料、工程技术和传统风格制约的,中外各种园林绿地布局基本上可归纳为三种基本形式,即规则式、自然式和混合式。

(一)规则式园林

这一类园林又称整齐式、建筑式、图案式或几何式园林,整个平面布局、立体造型以及建筑广场、道路、水面、花草、树木等都要求严整对称。西方园林,从埃及、希腊、罗马起到18世纪英国出现风景式园林之前,基本上以规则式园林为主,其中以文艺复兴时期意大利台地建筑式园林和17世纪法国勒诺特平面图案式园林为代表,平面布局追求几何图案美,多以建筑及建筑所形成的空间为园林的主体。我国北京天坛、南京中山陵园等都是规则式园林,种植设计花卉、布置草地也都以图案式花坛、花境、草坪为主,或组成大规模的花坛群。树木种植行列对称,以绿篱墙区隔来组织小区,对树枝树形进行整形修剪,做成绿柱、绿墙、绿门、绿亭等形式。

规则式园林的基本特征如下:

(1)地形地貌。在平原地区,由不同标高的水平面及缓斜的平面组成,在山地及丘陵地,则由阶梯式的大小不同的水平台地、倾斜平面及山石组成,其剖面均为直线组成。

(2)水体。外形轮廓均为几何图形,采用整齐式驳岸,园林水景的类型以整形水池、壁泉、喷泉、瀑布及运河等为主,其中常以喷泉为水景的主题。

(3)建筑。园林不仅个体建筑采用中轴对称均衡的设计,以至建筑群和大规模建筑

群的布局,也采取中轴对称均衡的手法,以主要建筑群和次要建筑群形式的主轴和副轴控制全园。

(4)道路广场。园林中的空旷地和广场外形轮廓均为几何图形,封闭性的草坪、广场空间,以对称建筑群或规则式林带、树墙包围。道路均为直线、折线或几何曲线组成,构成方格形或环状放射形、中轴对称或不对称的几何布局。

(5)种植设计。园内花卉布置用以图案为主题的模纹花坛和花境为主,有时布置成大规模的花坛群,树木配置以行列式和对称式为主,并运用大量的绿篱、绿墙以区隔和组织空间,树木整形修剪以模拟建筑体形和动物形态为主,如绿柱、绿塔、绿门、绿亭和用常绿树修剪而成的鸟兽等。

(6)园林其他景物。除建筑、花坛群、规则式水景和大量喷泉为主景外,其余常采用盆树、瓶饰、雕像为主要景物。雕像的基座为规则式,雕像位置多配置于轴线的起点、终点或交叉点上。

(二)自然式园林

这一类园林又称风景式、不规则式、山水派园林等,它效法自然,高于自然,虽由人作,宛如天工。我国古典园林多以自然山水为风尚,从有历史记载的周秦时代开始,无论是大型的帝皇苑囿还是小型的私家园林,都是以自然式山水园林为主,北京颐和园、承德避暑山庄、苏州拙政园和留园为其典型代表。

我国自然式山水园林从唐代开始东传日本,从18世纪后半叶开始传入英国,对世界园林影响很大。

新中国成立以后的新建园林,如北京的陶然亭公园和紫竹院公园、上海虹口鲁迅公园、杭州花港观鱼公园、广州越秀山公园、北海长青公园等也都进一步发扬了这种传统布局手法。

这一类园林以自然山水为园林风景表现的主要题材,其基本特征如下:

(1)地形地貌。平原地带,地形为自然起伏的和缓地形与人工堆置的若干自然起伏的土丘相结合,其断面为和缓的曲线。在山地和丘陵地则利用自然地形地貌,除建筑和广场基地外不作人工阶梯的地形改造工作,原有破碎切割的地形地貌也加人工整理,使其自然。

(2)水体。轮廓为自然的曲线,岸为各种自然曲线的倾斜坡度,如有驳岸亦为自然山石驳岸,园林水景的类型以溪涧、河流、自然式瀑布、池沼、湖泊等为主,常以瀑布为水景主题。

(3)建筑。园林内个体建筑为对称或不对称均衡的布局,其建筑群和大规模建筑群,多采用不对称均衡的布局,全园不以轴线控制,而以主要导游线构成的连续构图控制。

(4)道路广场。园林中的空旷地和广场的轮廓为自然形的封闭性的空旷草地和广场,以不对称的建筑群、土山、自然式的树丛和林带包围。道路平面和剖面为自然起伏曲折的平面曲线和竖立曲线组成。

(5)种植设计。园林内种植不成行列式,以反映自然界植物群落自然之美,花卉布置配植以孤立树、树丛、树林为主,不用规则修剪的绿篱,以自然的树丛、树群、树带来区隔组织园林空间。树木整形不作建筑、鸟兽等体形模拟,而以模拟自然界苍老的大树为主。

67

(6)园林其他景物。除建筑、自然山水、植物群落为主景外,其余采用山石、假山、盆景、雕塑为主景物,其中雕像的基座为自然式,雕像位置多配置于透视线集中的焦点。

(三)混合式园林

规则式多以人工美,自然式多以自然美,而混合式常取二者之长融于一园之中。既有规则式又有自然式的园林称为混合式园林。事实上绝对的规则式和绝对的自然式园林是极少的,多数或以规则式为主或以自然式为主。

实际中,在建筑群附近及要求较高的园林种植类型必然采取规则式布局,而在离开建筑群较远的地点,在大规模的园林中,只有采取自然式的布局,才易达到因地制宜和经济的要求。

园林中,规则式与自然式比例差不多的园林可称为混合式园林。如广州烈士陵园、北京中山公园、广东新会城镇文化公园等。

在园林规划工作中,原有地形平坦的可规划成规则式,原有地形起伏不平,丘陵、水面多的可规划成自然式,原有自然树木较多的可规划成自然式,树木少的可规划成规则式。大面积园林以自然式为宜,小面积以规则式较经济。四周环境为规则式宜规划成规则式,四周环境为自然式则宜规划成自然式。

林荫道、建筑广场的街心花园等以规则式为宜,居民区、机关、工厂、体育馆、大型建筑物前的绿地以混合式为宜,森林公园、市区大公园、植物园以自然式为宜。

第二节　地形地貌的利用和改造

一、园林地形地貌及其利用

(一)园林地形地貌的概念

在测量学中,对于表面呈现着的各种起伏状态叫地貌,如山地、丘陵、高原、平原、盆地等;在地面上分布的所有物体叫地物,如江河、森林、道路、居民点等。地貌和地物统称为地形。在园林绿地设计中习惯称为"地形"者,实系指测量学中地形的一部分——地貌,我们通常按习惯称为地形地貌,既包括山地、丘陵、平原,也包括河流、湖泊,并且把山石和一些水景也归并到一起。

(二)园林地形地貌的作用

进行园林绿地建设的范围内,原来的地形往往多种多样,有的平坦,有的起伏,有的是山岗,有的是沼泽,所以无论造屋、铺路、挖池、堆山、排水、开河、栽植树木花草等都需要利用或改造地形。因此,地形地貌的处理是园林绿地建设的基本工作之一,它们在园林中有如下作用:

(1)满足园林功能要求。园林中各种活动内容很多,景色也要求丰富多彩,地形应当满足各方面的要求。如游人集中的地方、体育活动的场所要平坦,登高望远则要求有山岗高地,划船、游泳、养鱼、栽藕需要有河湖等。为了不同性质的空间彼此不受干扰,可利用地形来分隔。地形起伏,景色就有层次;轮廓线有高低,变化就丰富。此外,还可利用地形遮蔽不美观的景物,并且阻挡狂风、大雪、飞沙等不良气候的危害等。

（2）改善种植和建筑物条件。利用地形起伏改善小气候，有利于植物生长。地面标高过低或土质不良都不适宜植物生长。地面标高过低，平时地下水位高，暴雨后就容易积水，会影响植物正常生长。但如果需要种植湿生植物是可以留出部分低地的。建筑物和道路、桥梁、驳岸、护坡等不论在工程上和艺术构图上也都对地形有一定要求，所以要利用和改造地形，创造有利于植物生长和进行建筑的条件。

（3）解决排水问题。园林中可利用地形排除雨水和各种人为的污水、淤积水等，使其中的广场、道路及游览地区，在雨后短时间恢复正常交通及使用。利用地面排水能节约地下排水设施。地面排水坡度的大小，应该根据地表情况及不同土壤结构性能来决定。

二、园林地形设计的原则和步骤

（一）园林地形利用和改造的原则

园林地形利用和改造应该全面贯彻"适用、经济、在可能条件下美观"这一城市建设的总原则。根据园林地形的特殊性，还应该贯彻如下原则。

1. 利用为主，改造为辅

在进行园林地形设计时，常遇到原有地形并不理想的情况，这就应该从现状出发，结合园林绿地功能、工程投资和景观要求等条件综合考虑设计方案。这就是在原有基础上坚持利用为主、改造为辅的原则。

城市园林绿地与郊区园林绿地对原有地形的利用，随园林性质、功能要求以及面积大小等有很大差异。如天然风景区、森林公园、植物园、休疗养区等，要求在很大程度上利用原有地形；而公园、花园、小游园、动物园等除利用原有地形外，还必须改造原地形；而体育公园对原来的自然地形利用就很困难。中国传统的自然山水园就可以较多地利用原有的自然地形。

因地制宜利用地形，要就低挖池，就高堆山。面积较小时，挖池堆山不要占用较多的地面，否则会使游人活动的陆地太少。此外，地形改造还要与周围的环境相协调，如闹市高层建筑区就不宜堆较高的土山。

2. 节约

改造地形在我国现有技术条件下是造园开支较大的项目，尤其是大规模的挖湖堆山所用人力物力很大。俗话说："土方工程不可轻动"，所以必须根据需要和可能，全面分析，多做方案，进行比较，使土方工程量达到最小限度。充分利用原有地形包含了节约的原则，要尽量保持原有地面的种植表土，为植物生长创造良好条件。要尽可能地就地取材，充分利用原地的山石、土方，堆山、挖湖也要结合进行，使土方平衡，缩短运输距离，节省经费。

3. 符合自然规律与艺术要求

符合自然规律，如土壤的物理特性，山的高度与土坡倾斜面的关系，水岸坡度是否合理稳定等，不能只要求艺术效果，而不顾客观实际可能。要使工程既合理又稳定，以免发生崩塌现象。同时要使园林的地形地貌符合自然山水规律，但又不能只追求形式，卖弄技巧，要使园中的峰峦峡谷、平岗小草、飞瀑涌泉和湖池溪流等山水诸景达到"虽由人作，宛若天开"的境界。

（二）园林地形设计的步骤

1. 准备工作

（1）园林用地及附近的地形图的测量或补测。地形设计的质量在很大程度上取决于地形图的正确性。一般城市的市区与郊区都有测量图，但时间一长，图纸与现状出入较大，需要补测，要使图纸和原地形完全一致，并要核实现有地物，注意那些要加以保留和利用的地形、水体、建筑、文物、古迹、植物等，以供进行地形设计的参考和推敲。

（2）收集城市建设各部门的道路、排水、地上地下管线及附近主要建筑的关系等资料，合理解决地形设计与市政建设其他设施可能发生的矛盾。

（3）收集园林用地及其附近的水文、地质、土壤、气象等现况和历史有关资料。

（4）了解当地施工力量，包括人力、物力和机械化程度等。

（5）现场踏勘——根据设计任务书提出的对地形的要求，在掌握上述资料的基础上，设计人员要亲赴现场踏勘，对资料中遗漏之处加以补充。

2. 设计阶段

地形改造是园林总体规划的组成部分，要与总体规划同时进行。要完成以下几项工作：

（1）施工地区等高线设计图（或用标高点进行设计）：图纸平面比例采用1∶200～1∶500，设计等高线高差为0.25～1 m。图纸上要求标明各项工程平面位置的详细标高，如建筑物、绿地的角点、园路、广场转折点等的标高，并要标示出该地区的排水方向。

（2）土方工程施工图：要注明进行土方施工各点的原地形标高与设计标高，作出填方、挖方与土方调配表。

（3）园路、广场、堆山、挖湖等土方施工项目的施工断面图。

（4）土方量估算表：可用求体积的公式估算或用方格网法估算。

（5）工程预算表。

（6）说明书。

三、园林地形地貌的设计

园林地形地貌的设计可概括为平地、堆山、理水、叠石四大方面。

（一）平地

平地是指公园内坡度比较平缓的用地，这种地形在新型园林中应用较多。为了组织群众进行文体活动及游览风景，便于接纳和疏散游客，公园都必须设置一定比例的平地。平地过少，就难以满足广大群众的活动要求。

园林中的平地大致有草地、集散广场、交通广场、建筑用地等。

在有山有水的公园中，平地可视为山体和水体相互之间的过渡地带，一般的做法是平地以渐变的坡度和山体山麓连接，而在临水的一面则以较缓的坡度使平地徐徐伸入水中，以造成一种"冲积平原"的景观。在这样的背山临水的平地，不仅是集体活动和演出的好场所，往往也是观景的好地方。在山多平地少的公园，可在坡度不太陡的地段修筑挡土墙，削高填低，改造增地。

平地为了排除地面水，要求具有一定坡度，一般要求5%～0.5%（建筑用地基础部分

除外）。为了防止水土冲刷,应该注意避免做成同一坡度的坡面延续过长,而要有起有伏,对裸露地面可铺种草皮或地被植物。

（二）堆山（又叫掇山、叠山）

我国的园林是以风景为骨干的山水园而著称的,但"山水园"当然不只是山和水,还有树木、花草、亭台楼阁等构成的环境,不过是以山和水为骨干或者说山和水是这个环境的基础。有了山就有了高低起伏的地势,能调节游人的视点,组织空间,造成仰视、平视、俯视的景观,能丰富园林建筑的建筑条件和园林植物的栽培条件,并增加游人的活动面积,丰富园林艺术内容。

堆山应该以原来地形为依据,因势而堆叠,就低开池得土构岗阜,但应该按照园林功能要求与艺术布局规律适当运用,不能随便乱堆。

堆山可以是独山,也可以是群山。独山有独山之形,群山有群山之势。一山一山连接重复的就称做群山。堆山忌成排比或笔架。苏轼如是描写庐山风景:"横看成岭侧成峰,远近高低各不同。不识庐山真面目,只缘身在此山中。"形象地描绘了自然界山峰的主体变化。

在设计独山或群山时应该注意,凡是东西延长的山,要将大的一面向阳,以利于栽植树木和安排主景,尤其是临水的一面应该是山的阳面。堆土山最忌堆成坟包状,它不仅造型呆板,而且没有分水线和汇水线的自然特征,以致造成地面降水汇流而下,大量土方容易被冲刷。

1. 堆大山

在园林中较高又广的山一般不堆,只有在大面积园林中因特殊功能要求,并有土石来源时才会做,它常成为整个园林构图的中心和主要景物。如上海长风公园的铁臂山,作为登高远眺之用,这种山用土或土山带石(约30%石方),即土石相间,以土为主。又高又大的山,工程浩大,全是石头则草木不生,未免荒凉枯寂;全用土,又过于平淡单调。因此,堆大山总是土石相间,在适当的地方堆些岩石,以增添山势的气魄和野趣,山麓、山腰、山顶要符合自然山景的规律作不同处理,如在山麓不适宜做成矗立的山峰,宜布置一些像自然山石崩落沉坡滚下经土掩埋和冲刷的样子,在堆山的手法上只有"深埋浅露",才能显出厚重有根,真假难辨。

2. 堆丘陵

丘陵指高度只有 3 ~ 5 m,外形变化较多的成组土丘。丘陵的坡度一般在 20% ~ 12.5%,地面小的可以陡一些,起坡时均应平坦些。在公园中土丘的土方量不太大,但对改变公园面貌的作用却是显著的,因此在公园中广泛运用。

丘陵可以是土山余脉,主峰的配景,也可做平地的外缘、景色的转折点。土丘可起到障景、隔景的作用,也可防止游人穿行绿地。

土丘的设计要求蜿蜒起伏,有断有续,立面高低错落,平面曲折多变,避免单调和千篇一律。在设计丘陵地的园路时,切忌将园路标高固定在同一高程上,应该随地形的起伏而起伏,使园路融汇在整个变化的地形之中,但也不能使道路标高完全与地形图上相同,可略有升高或反而降低,以保持山形的完整。

城
市
园
林
绿
化
规
划
设
计

71

3. 堆小山

小山指高度只有 2~3 m 的小土丘。堆叠小山不宜全用土,因土易崩塌,不可能叠成峻峭之势,而尽为馒头山了。若完全用石头,不易堆叠,弄不好效果更差。

小山的堆叠方法有两种:一是外石内土的堆叠方法,既有陡峭之势,又能防止冲刷、保持稳定,这样的山体虽小,还是可取势以布置山形,创造峭壁悬崖、洞穴洞壑,富有山林诗意的。再一种就是土山带石的方法来点缀小山,把小山作为大山的余脉来考虑,没有奇峰峭壁和宛转洞壑,不以玲珑取胜,只就土山之势点缀一些体形浑厚的石头,疏密相间,安顿有致,这种方式较为经济大方,现代园林中已经开始应用。

(三)理水

我国古典园林当中,山水密不可分,叠山,必须顾及理水。有了山还只是静止的景物,山得水而活,有了水能使景物生动起来,能打破空间的闭锁,还能产生倒影。园林中水的作用还不仅这些,在功能上能形成湿润的空气,调节气温、吸收灰尘,有利于游人的健康,还可用于灌溉和消防。另外,水面还可以进行各种水上运动及结合生产养鱼种藕。

园林中人工所造的水景,多是就天然水面略加人工或依地势"就地凿水"而成的。水景按照静动状态可分为动水景(如河流、溪涧、瀑布、喷泉、壁泉等)、静水景(如水池、湖沼等);按照自然和规则程度可分为自然式水景(如河流、湖泊、池沼、泉源、溪涧、涌泉、瀑布等)和规则式水景(如规则式的水池、喷泉、壁泉等)。

下面就园林中的水景简单介绍一下。

1. 河流

在园林中组织河流时,应该结合地形,不宜过分弯曲,河岸上应该有缓有陡,河床有宽有窄,空间上应该有开朗和闭锁。

造景设计时要注意河流两岸的风景,尤其是当游人泛舟于河流之上时,要有意识地为其安排对景、夹景和借景,留出一定的、好的透视线。

2. 溪涧

自然界中,泉水通过山体断口夹在两山之间的流水为涧,山间浅流为溪。一般习惯上"溪"、"涧"通用,常以水流平缓者为溪,湍急者为涧。

溪涧之水景,以动水为佳,且宜湍急,上通水源,下达水体。在园林中应该选陡石之地布置溪涧,平面上要求蜿蜒曲折,竖向上要求有缓有陡,形成急流、浅流。如无锡寄畅园中的八音涧,以忽断忽续、忽隐忽现、忽急忽缓、忽聚忽散的手法处理流水,水形多变,水声悦耳,有其独到之处。

3. 湖池

湖池有天然、人工两种。园林中湖池多就天然水域略加修饰或依地势就低凿水而成,沿岸因境设景,自成天然图画。

湖池常作为园林(或一个局部)的构图中心,在我国古典园林中常在较小的水池四周围以建筑,如北京颐和园中的谐趣园,苏州的拙政园、留园,上海的豫园等。这种布置手法最宜组织园内互为对景,产生面面入画之感,有"小中见大"之妙。

湖池水位有最低、最高与正常水位之分,植物一般种在最高水位以上,耐湿树种则可种在正常水位以上。湖池周围种植物时应该注意留出透视线,使湖池的岸边有开有合、有

透有漏。

4. 瀑布

从河床横断面陡坡或悬崖处倾泻而下的水流叫瀑布,因其水流遥望如布垂直而下,故谓之瀑布。

大的风景区中常常有天然瀑布可以利用,但在一般园林中就很少有了。所以,只有在经济条件许可又非常必要时,才会结合叠山创造人工瀑布。人工瀑布只有在具有高水位的情况下,或条件允许人工给水时才能运用。瀑布由五部分构成,即上流(水源)、落水口、瀑身、瀑潭、下流。

瀑布下落的方式有直落、阶段落、线落、溅落和左右落等之分。

瀑布附近的绿化,不可阻挡瀑身,因此瀑身 3 ~ 4 倍距离内应该做空旷处理,以便游人有适当距离来欣赏瀑布美景。好的瀑布还可以在适当地点专设观瀑亭。瀑布两侧不宜配置树形高耸和垂直的树木。

5. 喷泉

地下水向地面上涌谓之泉,泉水集中出来,流速大者成涌泉、喷泉。

园林中喷泉往往与水池相联系,布置在建筑物前、广场的中心或闭锁空间内部,作为一个局部的构图中心。尤其在缺水之园林风景焦点上运用喷泉,则能得到较高的艺术效果。喷泉有以下水柱为中心的,也有以雕像为中心的,前者适用于广场以及游人较多之处,后者则多用于宁静地区。喷泉的水池形状大小可变化多样,但要与周围环境相协调。

喷泉的水源有天然的,也有人工的。天然水源即是在高处设贮水池,利用天然水压使水流喷出。人工水源则是利用自来水或水泵推水,处理好喷泉的喷头是形成不同情趣喷泉水景的关键因素。喷泉出水的方式可分为长流式和间歇式。近年来随着光、电、声波和自控装置的发展,随着音乐节奏起舞的喷泉柱群和间歇喷泉越来越多。我国最早的自控喷泉是 1982 年在北京石景山区古城公园装置的自行设计和施工的自控花型喷泉群。

喷泉水池的植物种植,应该符合功能及观赏要求,可选择水生鸢尾、睡莲、水葱、千屈菜、荷花等。水池深度随种植类型而异,一般不宜超过 60 cm,亦可用盆栽水生植物直接沉入水底。

6. 壁泉

壁泉构造分壁面、落水口、受水池三部分。壁面附近墙面凹进一些,用石材做成装饰,有浮雕及雕塑。落水口可用六兽形及人物雕像或山石来装饰,如我国旧式园林及寺庙中,就有将壁泉落水口做成龙头式样的。落水形式需要依水量之多少来决定,水多时可设置水幕,使成片落水,水少时成桩状落水,水更少时成淋落、点滴落下。目前,壁泉已经被广泛运用到建筑的内空间中,增添了室内动景,颇富生气,如广州白云山庄的"三叠泉"。

7. 岛

四面环水的水中陆地称岛。岛可以划分水面空间,打破水面的单调,对视线起抑障作用,避免湖岸秀丽风光一览无余,从岸山望湖,岛又可作为环湖视点集中的焦点;登上岛,游人还可以环顾四周湖中的开旷景色和湖岸上的全景。此外,岛还可以增加水上活动内容,以吸引游客,活跃了湖面气氛,丰富了水面景色。

岛可分为山岛、平岛和池岛。山岛突出水面,有垂直的线条配以适当建筑,常成为全

园的主景或眺望点,如北京北海之琼岛。平岛给人舒适方便、平易近人的感觉,形态很多,边缘大部分平缓。池岛的代表作首推杭州西湖的"三潭印月",被誉为"湖中有岛、岛中有湖"的胜景。运用岛的手法在面积上壮大了声势,在景色上丰富了变化,具有独特的效果。

岛在湖中的位置切忌居中,切忌排比,切忌形状端正,无论水景面积大小和岛的类型如何,大多是居于水面偏侧的。岛的数量以少而精为佳,只要比例恰当,一二个足矣,但要与岸上景物相呼应。岛的形体宁小勿大,小巧之岛便于安置。

8.水景附近的道路

水景交通要求是既能使游人到达,不致可望不可及,但又不能令人过于疲劳。

(1)沿水道路。沿水体周边一般设有道路,使游人可接近水面,但为使景色有所变化,道路的设置不能完全与水面持平,而应该若即若离,有隐有现,有近有远,以达到"步移景异"的效果。如果道路遇到码头、眺望点及沿岸建筑时,要结合起来作适当处理。

(2)越水通道。常用的越水通道是桥与堤。桥将在下节园林建筑中论述,这里主要讲堤。

筑堤工程量大,要慎重。常见的堤大多是直堤,很少建造曲堤。堤不宜太长,以免使人有枯燥乏味之感。如果觉得水面太大,为使水面与主景有一定比例,可筑堤分隔,使之变化。堤上造桥,可以使堤有所变化。堤的位置不能居中,以使堤分隔水面后有主次之分。堤上种植乔木,还能体现堤划分空间的显著效果。

(四)叠石

1.选石

石有其天然轮廓造型,质地粗实而纯净,是园林建筑与自然环境空间联系的一种美好中间介质。因此,叠石早已成为我国异常可贵的园林传统艺术之一,有"无园不石"之说。

叠石不同于建筑、种植等其他园林工程,在自然式园林中所用山石没有统一的规格与造型,设计图上只能绘出平面位置和空间轮廓,设计必须密切联系施工或到现场配合施工,才能达到设计意图。设计或施工应该观察掌握山石的特性,根据不同的地点、不同的石材来叠石。我国选石有六要素需要我们认真考虑。

(1)质地。山石质地因种类而不同,有的坚硬,有的疏松,如果将不同质地的山石混合叠置,不但外形杂乱,且因质地结构不同而承重要求也不同,质地坚硬的承重大,质地松脆的易松碎。

(2)色彩。石有许多颜色,常见的有青、白、灰、红、黑等,叠石必须色调统一,并要与附近环境协调。

(3)纹理。叠石时要注意石与石的纹理是否通顺,脉络是否相连。石表的纹理为评价山石美丽的主要依据。

(4)面向。石有阴阳面向,应该充分利用其美丽的一面。

(5)体型。山石形态、体积很重要,应该考虑山石的体型大小、虚实、轻重,合理配置。

(6)姿态。山石有各种姿态,运用得好,可以妙趣横生。通常以"苍劲"、"古朴"、"秀丽"、"丑怪"、"玲珑"、"浑厚"等描述各种山石姿态,根据环境和艺术要求选用。

2. 理石的方式与手法

我国园林中常利用岩石来构成园林景物,这种方式称为理石,归纳起来可分为以下三类。

1) 点石成景

(1) 单点:由于石块本身姿态突出,或玲珑或奇特(即所谓"透"、"漏"、"瘦"、"皱"、"丑"),立之可观,就特意摆在一定的地点作为局部小景或局部的构图中心来处理,这种方式叫单点。单点主要摆在正对大门的广场上和院落中,如上海豫园的玉玲珑。也有布置在园门口或路边的,山石伫立,点头引路,起到点景和导游作用。

(2) 聚点:有时在一定情况下,几块石成组摆到一起,作为一个群体来表现,我们称之为"聚点"。聚点切忌排列成行或对称,主要手法是看气势,关键在一个"活"字。要求石块大小不一,疏密相间,错落有致,前后相依,左右呼应,高低不一,镶嵌结合。聚点的应用范围很广,如在建筑物的角隅部分用聚点石块来配饰"抱角",在山的蹬道旁用不同的石块组成相对而立,叫"蹲配"等。

(3) 散点:散点并非零乱地点,而是若断若续、连贯而成的一个整体的表现。也就是说散点的石块要相互联系和呼应成为一个群体。散点的运用也很广,在山脚、山坡、山头、池畔、溪涧、河流,在林下,在路旁径侧都可散点而得到意趣。散点无定式,随势随形。

2) 整体构景

用多块石堆叠成一座立体结构的形体叫整体构景。此种形体常用做局部构图中心或用在屋旁、道边、池畔、墙下、坡上、山顶、树下等适当的地方来构景,主要是完成一定的形象,在技法上要恰到好处,不露斧凿之痕,不显人工之作。

堆叠整体山石时应该做到二宜、四不可、六忌。

二宜:造型宜有朴素自然之趣,不矫揉造作,卖弄技巧;手法宜简洁,不要过于烦琐。

四不可:石不可杂,纹不可乱,块不可匀,缝不可多。

六忌:忌似香炉蜡烛,忌似笔架花瓶,忌似刀山剑树,忌似铜墙铁壁,忌似城郭堡垒,忌似过街鼠穴蚁窝。

堆石形体在施工艺术造型上习惯用的十大手法是挑、飘、透、跨、连、悬、垂、斗、卡、剑。

3) 配合工程设施进行适当的处理

我国园林通常都配合不同的工程设施,在施工中进行适当的处理,以达到一定的艺术效果。如用做亭、台、楼、阁、廊、墙等的基础部分与台阶,山涧小桥、石池曲桥的桥基及其配置于桥身前后等,使它们与周围环境相协调。

3. 山石在园林中的配合应用

(1) 山石与植物的结合自成山石小景。无论何种类型的山石都必须与植物相结合。如果假山全用山石建造,石间无土,山上寸草不生,观景效果就不好。山石与竹结合、山上种植枫树等都能创造出生动活泼、自然真实的美丽景观。

选择山石植物,首先要以植物的习性为依据,并结合假山的立地条件,使植物能生长良好,而不与山石互相妨碍,也要根据本地园林的传统习惯和构图要求来进行选择。

(2) 山石与水景结合。掇山与理水结合是中国园林的特点之一,如潭、瀑、泉、溪、涧都离不开山石的点缀。水池的驳岸、汀步等更是以山石为材料做成,既有固坡功能,又有

艺术效果。

（3）山石与建筑、道路结合。许多园林建筑都可用山石砌基，尤其是阁、楼的山体都是山石结合成一体，并可做步石、台阶、挡土墙。此外，还可做室外家具或器具设施，如石榻、石桌、石几、石凳、石栏、石碑、摩崖石刻、植物标志等，既不怕风吹日晒、雨淋夜露，又可结合造景。

第三节　园林建筑及设施的设计原则

园林建筑是园林绿地的重要组成部分。由于建筑种类很多，有的是使用功能上不可缺少的，像道路、桥梁、驳岸、挡土墙、水电煤气设施等；也有的是为游人服务所必需的，如大门、茶室、小卖部、厕所、露天石桌、石凳、石椅，指路牌、宣传牌、垃圾箱等；还有的是为游人休息观景用的建筑，如亭、廊、水榭、花架等。

园林建筑设计总的要求还是城市建设"适用、经济、在可能条件下美观"的原则，但不同类型的园林绿地，要根据其性质、用途、投资规模，在制订总体规划时要妥善安排各项建筑项目。园林建筑毕竟不同于一般的建筑，在满足各项功能要求的同时，也要考虑园林艺术构图和组织空间游览路线的需要。

一、亭

亭是供人们休息、赏景的地方，又是园中的一景，一般要求四面透空，多数为倾斜屋面。现今，亭已经引申为精巧的小型建筑物，如大门口的售票亭、小卖部的售货亭、食堂前的茶水亭等。这些亭一般均按实际需要来筹划平面、立面，多数屋面是倾斜的。

（一）园亭的位置选择

园亭的位置选择要考虑两个方面的因素：①亭是供人游息的，要能遮阳避雨，要有良好的观赏条件，因此亭子要造在观赏风景的地方。②亭建成后又成为园林风景的重要组成部分，所以亭的设计要和周围的园林环境相协调，并且起到画龙点睛的作用。

以园亭所处的位置的不同，可分为以下几种。

（1）山地设亭。设于山顶、山脊的亭很易形成构图中心，并要留出透视线，眺望周围环境的风景。如果园林处在闹市区，周围实在无景可观赏的，山又不大，游人又多，那么亭子可选择设在山腰，以供更多的人休息和观赏。在高大山的中途为休息需要，亭子也往往设在半山腰，但应该选择在凸出处，不致遮掩前景，也是引导游人的标志。

（2）水边设亭。亭与水面结合，若水面较小，最好相互渗透，亭立于池水之中，接近水面，体型宜小。较大水面，常在桥上建造亭子，结合划分空间，以丰富湖岸景色，并可保护桥体结构。桥上建造亭子还有交通作用，要注意与周围环境相衔接。

（3）平地建亭。平地建亭作为视点，要避免平淡、闭塞，要结合周围环境造成一定的观景效果。要开辟风景线，线上要有对景，若有背风向阳清静的地方则更为理想。平地建造亭子不要建在通车的主要干道上，一般多数设在路一侧或路口。此外，园墙之中，廊间重点或尽端转角等处也可用亭来点缀，如北京颐和园长廊每一节段都设一亭，破除长廊的单调成为设亭的重点。另外，围墙之边也可设半亭，还可作为出入口的标志。

（二）亭的设计要求

每个亭都应该有特点，不能千篇一律，观此知彼。一般亭子只是休息、点景用，体量上不论平面、立面都不宜过大过高，而宜小巧玲珑。一般亭子直径3.5～4 m，小的3 m，大的也不宜超过5 m。要根据情况确定结构，装修注意经济和施工效果。按中国传统方法建造亭子，就是结构改用混凝土，造价也比较高，若用钢丝网粉刷就比较经济，而用竹子建造亭则更便宜。

亭子的色彩，要根据风俗、气候与爱好来确定，一般我国南方多用黑褐等较暗的色彩，北方封建帝王建造的亭多用鲜艳夺目的色彩。在建筑物不多的园林中还是以淡雅色调为好。

（三）亭的平面、立面设计

亭的平面，单体的有三角形、正方形、长方形、五角形、长六角形、正八角形、圆形、扇形、梅花形、十字形等，基本上都是规则几何形体的周边。组合的有双方形、双圆形、双六角形或三座组合、五座组合的，也有与其他建筑连接在一起的半面亭。

平面的布局，一种是终点式的一个入口，一种是穿越式的两个入口。

亭子的立面，可以按柱高和面阔的比例来确定。

方亭的柱高等于面阔的8/10，六角亭等于15/10，八角亭等于16/10或稍低于此数。中国园林亭子常用的屋顶形式以攒尖（四角、六角、八角、圆形）为主，其次多为卷棚歇山式及平顶，并有单檐和重檐之分。

二、廊

（一）廊的作用

廊本来是附于建筑前后、左右的出廊，是室内外过渡的空间，也是连接建筑之间的有顶建筑物，供人在内行走，可起导游作用，也可停留休息赏景。廊同时也是划分空间、组织景区的重要手段，本身也可成为园中之景。

廊在现今园林中的应用，已有所发展创造。由于现今园林服务对象改变，范围扩大，尺度也不同于过去，要用廊单纯作为整个公园的导游、划分景区、联系各组建筑，已不适合了。今天的廊一是作为公园中长形的休息、赏景建筑，二是和亭台楼阁组成建筑群的一部分。在内容上也有所发展，除了休息、赏景、遮阳、避雨、导游、组织划分空间，还常设有宣传、小卖、摄影等内容。

（二）廊的种类

廊按断面形式分有以下五种：

（1）双面画廊：有柱无墙。

（2）单面画廊：一面开敞，一面沿墙设各式漏窗门洞。

（3）暖廊：北方有此种廊，在廊柱间装饰花格窗扇。

（4）复廊：廊中设有漏窗墙，两面都可通行。

（5）层廊：常用于地形变化之处，有联系上层建筑的作用，中国古典园林也常以假山通道作上下联系之用。

(三)廊的设计

(1)从总体上说,开朗的平面布局、活泼多变的体型,易于表达园林建筑的气氛和性格,使人感到新颖、舒畅。

长廊的曲折,可使游览距离延长,对景妙生,包含着化直为曲、化整为零、化大为小的独具匠心。但也要曲之有理,曲而有度,不是为曲折而曲折,叫人走冤枉路。

(2)廊是长形观景建筑物,游览路线上的动观效果应该成为设计者首先考虑的主要因素,也是设计成败的关键。廊的各种组成,墙、门、洞等是根据廊外的各种自然景观,通过廊内游览、观赏路线来布置安排的,以形成廊的对景、框景、空间的动与静、延伸与穿插、道路的曲折迂回。

(3)廊从空间上分析,可以看成是"间"的重复,要充分注意这种特点,有规律地重复,有组织地变化,以便形成韵律,产生美感。

(4)廊从立面上看,突出表现了"虚实"的对比变化,从总体上说是以虚为主的,这主要还是从功能上来考虑的。廊作为休息赏景的建筑,需要开阔的视野。廊又是景色的一部分,需要和自然空间互相延伸,融化于自然环境之中。在细部处理上,也常常用虚实对比的手法,如罩、漏、窗、花架、栏杆等多为空心构件,似隔非隔,隔而不挡,以丰富整体立面形象。

三、公园出入口

(一)公园出入口的种类

公园出入口常有主要、次要及专用三种。

主要出入口即公园的大门、正门,是多数游人出入的地方,门内外要留有足够的缓冲场地,以便集散人流,表现出大门的面貌。

公园较大时,常常根据游人流向设置次要出入口。当公园有专门对外活动内容时,如游泳、影视剧播放等,也往往设立专用的次要出入口。

专用出入口指公园内部使用的出入口,如为职工运输垃圾、饮料等使用,可选择较偏僻的地方设置。

(二)公园出入口的组成

根据公园大小及活动内容多少的不同,设施也不同,较大公园设施多些,小公园少些。

规模较大、设备齐全的公园出入口可由如下各部分组成:①管理房(包括值班、治安等);②售票房;③验票房;④人流入口(包括人流集散广场);⑤车流入口(包括汽车及自行车停车场);⑥童车出租房;⑦小卖部;⑧电话间;⑨宣传牌;⑩广告牌、留言处等。

(三)公园大门设计

(1)大门是公园的序言,除了要求管理方便,入园合乎顺序外,还要形象明确,特点突出,使人易寻找,给人印象深刻。公园大门的设计应该从功能需要出发,创造出反映使用特点的形象来。

入口广场也不应该是烈日暴晒的铺装地面,而应该像园林中的花砖庭院,数丛翠竹伸向园外,或是绿荫如盖,中间有主体花坛或以喷泉、雕塑美化,甚至可以以水池为园界(在南方地区)。建筑不在于高大,而在于精巧,富于园林特色,要使人身临其境,引人入胜,

同时也装扮了城市面貌。

(2)规划大门的手法封闭式或开敞式不可偏爱,入口如康庄大道,在游人量特别大的公园尚可考虑。若公园本来就不大,一入门就一览无余,也就不会引人入胜了。公园范围小,封闭式可在迂回曲折中以小见大,延长游览路线。但也不是绝对的,只要手法得当,哪一种都能用。

四、花架

花架是园林中以绿化材料作顶的廊,可以供人歇足、赏景,在园林布置中如长廊,可以划分、组织空间,又可为攀缘植物创造生长的生物学条件。因此,花架把植物生长和供群众游憩结合在一起,是园林中最接近于自然的建筑物。

如果把花架与亭、廊、榭等建筑结合起来,可以创造出将绿化材料引到室内,把建筑物融化在自然环境的意境当中去。

设计花架,必须对配置的植物有所了解,以便创造适宜植物生长的条件,同时要尽可能根据不同植物的特点来配置花架。

各类花架设计不宜太高,不宜过粗,不宜过繁,不宜过短,要做到轻巧、花纹简单。花架高度也不要太高,从花架顶部到地面,一般2.5~2.8 m即可,太高了就显得空旷而不亲切了。花架开间不能太大,一般在3~4 m,太大了构件就显得笨重粗糙。

花架四周不宜闭塞,除少数作对景墙面外,一般的花架均是开畅通透的。

设计花架还应该考虑植物材料爬满花架时好看,在植物没有爬上之前也好看。

花架的类型和设置地点,常见的有:①地形高低前后面起伏错落变化,花架也随之变化;②角隅花架着重于扩大空间感觉;③环绕花坛、水池、湖石为中心的单挑花架;④花园甬道、花廊;⑤供攀缘用的花瓶、花墙;⑥和亭、廊、大门、展览馆、小卖部等结合使用的花架;⑦水边的花架。

花架常用的材料有竹、木、混凝土等。

五、园桥

园林绿地中的桥梁,不仅可以联系交通、穿越河道、组织导游,而且还能分隔水面。一座造型美观的园桥,也往往自成一景。因此,园桥的选址和造型的好坏,往往直接影响园林布局的艺术效果。

园桥的分类按建筑材料来分,有石桥、木桥、钢筋混凝土桥。按结构来分,有梁式与拱式,单跨与多跨,其中拱桥又有单曲与双曲拱桥。按建筑形式来分,有类似拱桥作用的点式桥(汀步),有贴近水面的平桥、起伏带孔的拱桥、曲折变化的曲桥,在古典园林中还可见到桥架上架尾的亭桥与廊桥等。

园林的桥梁既具有园林道路的特征,又具有园林建筑的特征,贴近水面的平桥、曲桥可以看做是跨水园林道路的变态。带有亭廊的桥,可以看做是架在水面上的园林建筑。桥面较高、可供通行游览的各式拱桥既具有园桥建筑特征,又具有园林道路的特征。

在园桥规划设计中,一定要密切配合周围环境的艺术效果,否则会犯比例失调、装修不当而变成纯通公路桥的样子。在小水面上布置园桥,可采用两种手法:一种是小水宜

聚,为使水面不致被水划破,可选贴临水面的平桥,并偏居水面一侧;另一种是为了使水面有不尽之意,增加景色层次,延长游览时间,采用平曲桥跨越两侧,使观赏角度不断有所变化。这种手法是突出道路的导游特征,削弱它的建筑特征所取得的艺术效果。

大水面用桥分隔时,将桥面抬高,增加桥的立面效果,避免水面单调,并便于游艇通过。抬高桥面具有突出建筑的特征,要研究空间轮廓,使建筑风格、比例尺度与周边环境相协调。

另外,还有类似桥作用的点式桥,又称汀步,也是园林中常用的,常做在浅水线上,如溪涧、溪滩等,游人步行平石而过,别有一番情趣。这种汀步应该保证游人安全,石墩不宜过小,距离不宜过大。

六、园路

园路是园林绿地中的一项重要设施,它的质量好坏,对游人的游玩情绪和绿地的清洁维护有很大影响,在设计时应该予以足够的重视。

(一)园路的作用

1.导游作用

园路把园林中的各组成部分联成一个整体,并通过园路引导,将园中主要景色逐一展现在游人眼前使人能从较好的位置去欣赏景致,同时也就容纳了大量游人。因此,设计时必须考虑节日的游园活动、人流集散要求等。园路还常为园林分区的界限,尤其是植物园,按道路游览观赏分区很清楚。

2.欣赏作用

园路本身是园景的组成部分之一,它可以影响到园林的风格和形式。通过园路的平面布置、起伏变化和材料及色彩图纹等来体现园林艺术的奇巧。

3.为生产管理和交通服务

园路要满足消防、杀虫、运输的需要,以便于生产管理和交通进出,所以,先修路后造园是较为科学的办法。各项建筑材料都需要运输,先修路就方便很多。

(二)设计要求

1.平面设计

(1)道路的宽度。车行道以车宽计算,人行道以肩宽计算。单行车道路不得小于3.5 m,双行车道路不得小于5.5~6 m。人行道路宽度一般以肩宽0.75 m计算,单人行道路可用0.8~1 m,双人行道路可用1.5 m左右,三人行道路可用2~2.5 m。

(2)转弯半径及曲线加宽。由于汽车转弯时,前轮转弯半径比后轮转弯半径要大,因此弯道内侧要加宽。转弯半径越大,行车越舒适安全。一般小车转弯半径至少6 m,大车最少9 m。

(3)自然式园林中的园路特殊要求。由于是自然式园林,当中的园路也不能做得太规则了,所以其拐弯曲线就不能每处都做得完全相同,而且要求连续的拐弯不要太多,各道路交叉口不要距离在20 m以内,分叉角度也不能太小,要尽量圆满一些,不要太直。

2.竖向设计

(1)要求在保证路基稳定的情况下,尽量利用原有地形以减少土方量,园内外道路要

有良好衔接,并能排除地面水。

(2)应该有 3% ~ 8% 的纵坡,1.5% ~ 3.5% 的横坡。

(3)游步道坡度超过 20%(约 12° 水平角)时,为了便于行走,可设计台阶。台阶不宜连续使用过多,如地形允许,经过一二十级有一段平坦道路比较好,使游人恢复疲劳和有喘息的机会。台阶宽度应该与路面相同,每级增高 12 ~ 17 cm,踏步宽 30 ~ 40 cm 为宜。为防止台阶和水结冰,每一踏步应该有 1% ~ 2% 的向下方倾斜,以利于排水。为了方便小孩童车或其他非机动车通行,在踏步旁边也可再设计倾斜坡道。

(4)道路转变时为平衡车辆离心力,须把外侧加高,这就叫道路超高。一般情况下,园路的道路超高应该控制在 4% 以内的坡度。

(三)道路的种类及优缺点

1.水泥混凝土路面

水泥混凝土路面随温度变化,会热胀冷缩。因此,将水泥混凝土路面分成小块,留下伸缩缝,每 3 ~ 6 m 留一条,缝宽 1.5 ~ 2 cm,内浇灌沥青。水泥混凝土路面做好后不能马上使用,浇水养护期需要 4 周。路面旁边可做泥土路肩铺草皮或预制混凝土平侧面,宽 30 cm,以保护路面。

优点:易于干燥,坚固耐久,使用期长,养护简单,表面平整,不积灰土,排水流畅,施工速度快。

缺点:造价较高,反掘修补不易,没有园林特色,反射阳光刺目。

2.泥结碎石沥青路面

下面先铺 4 cm 直径的碎石,压实后再浇灌泥浆,上面再浇灌 1 cm 厚的沥青,这样做成的园路可以避免起灰和石子松散,又易反掘修补,故又称这种路面为柔性园路。

优点:铺筑简便,反光量少,造价也低,路有弹性,脚感舒适,修补容易。

缺点:表面粗糙,不易清洁,需要经常养护,夏天沥青易解,也不耐水浸。

3.石板路面

用天然产的薄石板片铺路,一般厚度 5 ~ 10 cm,形状不规则,表面不平整(也可处理成平整的),连接缝处嵌水泥。

优点:比较自然,并有天然色彩,适用于高低宽窄、弯曲多变的人行道路。

缺点:高低不平,不能在主要道路上使用。

4.预制水泥板路面

用预制现成的水泥板铺设路面,常用的大规格为板厚 8 cm、50 cm 见方;小规格为板厚 5 cm、20 cm 见方。通常有 9 格和 16 格的两种规格品种的板材,形状变化很多,如长方形、六角形等,为了更加美观还可配成不同的颜色。

此种路面铺设简单,形状变化多,翻拆容易,适于新填的土路或临时用的园路。

5.卵石路面

老式卵石路面是将卵石侧立排紧,做好后冉用灰浆灌实。现在为了施工方便,通常在水泥路上撒嵌卵石,也有用这种方法先预制成现成的卵石水泥板材的,但此种做路的方法也只能用于园中的人行小道,大的路面不适合。

6. 砖铺路面

新建公园中用得较少,但大部分古典园林都是用的砖铺路面。铺筑形式有平铺、侧铺等,可以拼凑成各种图案。还有砖与卵石结合的方法,一般是中间一行砖,两边各铺一行卵石组成的园路。当然,砖铺路也只适用于人行小路,大路也不合适,因为不能适应大型汽车等载重物体的重压。

7. 百搭砂石、双渣、三渣路面

这是低级园路,通常利用废料(各种大小石块、砂石、石灰渣、矿渣、煤渣等),价格便宜,铺时下粗上细。缺点是尘土容易飞扬,且不易保持。一般在临时道路和游人极少的地方,并且在土壤排水良好情况下才可采用。

七、园林的桌、椅、凳

园桌、园椅、园凳是为游人歇脚、赏景、游乐所用的,经常布置在小路边、池塘边、树荫下、建筑物附近等。要求安放的场所风景要好,可安静休息,夏季能遮阴,冬季能避风。

如座椅围绕大树,既可遮阴,又可保护大树,增添园林景色。又如利用挡土墙压顶做凳面,用栏杆做靠背,在游人拥挤的街头绿地,能起很大作用,又节约了造价。餐厅、茶室前的地坪放些固定桌椅,可增加不少客流量。另外,桌、椅、凳还可以和花台、园灯、雕塑、假山石、泉池等结合设计,既有实用价值,又使环境美化,不失是一种好的方法,也能增添园中一景。

园桌、园椅、园凳的设计要求,概括地说是要坐靠舒适、造型美观、构造简便、使用牢固。

八、园林栏杆

栏杆在绿地中起隔离作用,同时又使绿地边缘整齐,图案也有装饰意义。因此,处理好隔离和美化的关系,是设计成败的关键。

栏杆的设计,要求美观大方、节约材料、牢固易制,能防坐防爬。其中栏杆的图案和用材造价关系密切,是艺术构思和实用、经济的统一。

栏杆在绿地中不宜普遍设置,尤其是小块绿地中要在高度上多加注意,能不设置的地方尽量不设,如浅水池、平桥、小路两侧、山坡等,尤其是堆叠做山后再置栏杆,形同虚设,不美观。能用自然的办法隔离空间时,少用栏杆,如用绿篱、水面、地形变化、山石等隔离就比较好。

栏杆的高度:一般花台、小水池、草地边缘的栏杆,具有明确边界的作用,高度可在 20～30 cm。街头绿地、广场,往往把座凳和栏杆结合起来,座凳高在 40 cm 左右,栏杆高在 80 cm 左右。栏杆的各栅间距离 15 cm 就有较好的防护作用。有危险须保证安全的地方,栏杆高度在人的重心线(1.1～1.2 m)以上,栏杆格栅间距 12～13 cm 就可以了,以防止小孩的头部伸过。

铁栏杆应该用防锈漆打底,用调和漆罩面,色彩要和环境相协调,并且要保持清洁。

栏杆设计,应该有栏杆设置地段的总平面图纸,标出栏杆长度、开门的位置。栏杆的立、剖面图应该标明栏杆施工尺寸及用料,同一地段宜使用一种式样的栏杆。

九、园林厕所

在大型绿地和风景名胜区内设置厕所,一般地讲,应该不作特殊风景建筑类型处理。但是,最好在整个园林或风景区里有一个统一的外观特征,易于辨认,在选址上回避建在主要风景线上或轴线、对景等位置,离主要游览路线要有一定的距离,可设置路标以小路连接,要因地制宜地巧借周围环境的自然景物,用石块、树木、竹林或攀缘植物来掩蔽和装饰。既要与环境十分融合,又要藏而有露,方便游人,易于找到。在外观处理上,既不过分讲究,又不过分简陋;使之处于风景环境之中,而又置于景观之外;既不使游人视线停留,引人入胜,又不破坏景观,惹人讨厌。

茶室、阅览室等服务建筑的厕所或接待外宾的厕所,可公开设置,或统一提高卫生标准。

公园厕所总面积,一般根据公园大小及游人数量而定。一般公园按 $0.4 \sim 0.5 \ m^2/$亩的建筑面积确定,游人多的可提高到 $1.2 \sim 1.5 \ m^2/$亩。每处厕所的面积可掌握在 $40 \sim 50 \ m^2$。厕所中男女蹲位比例过去用 $2:3$,现在外出的女性比例明显增加,建议采用 $1:3$,因为男性如厕用蹲位不多,而女性如厕则全部要用蹲位的,应该人性化地处理这个问题。

园林厕所入口处应该有男女厕所的明显标志,外宾招待用厕所要用人头像象征性地明显标示。一般入口外设 $1.8 \sim 2 \ m$ 的高墙作屏风,以便遮挡视线。

第七章　园林绿化种植设计

种植设计是园林规划设计工作的重要组成部分,因为园林绿化的主要材料是园林植物,需要经过多年的培育才能达到预期的观赏效果。形成城市园林绿地面貌的具体设计方式、方法虽多,但都要遵循一些共同的原则,这些原则对种植设计具有很强的指导意义。

第一节　园林植物种植设计的一般原则

一、明确绿地中使用园林植物的功能、功效

各种园林绿地对使用各种园林植物的要求是不同的。就功能而言,如街道绿地是以遮阴为主,工厂绿化主要以防护为主,但都必须以不妨碍设施的总功能为前提,工厂绿化要方便和有利于生产,即使在同一设施中也要分别对待,如位于街道中心的绿化树种要考虑美化市容。还要研究植物的形象,创造什么气氛,达到什么功效,如纪念性园林常选用四季常青、雄伟壮丽的树种,采用整齐式配置设计,以达到肃穆、庄严的功效。

二、考虑园林艺术的需要

(一)艺术布局要协调

规则式园林,植物配置多对植、行植,而在自然式园林中则采用不对称的自然式配置,充分发挥植物材料的自然姿态。根据局部环境和在总体布置中的要求,采用不同形式的种植方式,如一般在大门、主要道路、整形广场、大型建筑物附近多采用规则式种植,而在自然式山水、草坪及不对称的小型建筑附近,采用自然式种植。

(二)考虑四季景色变化

园林植物的景色随着季节而有变化,可分区段配置,使每个分区或地段突出一个季节植物、景观主题,在统一中求变化。但在重点地区,四季游人集中的地方,应该使四季皆有景可赏,即使以一季景观为主的地段也应该注意点缀些其他季节内容,否则一季过后,就显得极为单调了。

(三)全面考虑植物在观形、赏色、闻味、听声上的效果

人们欣赏植物景色的要求是多方面的,而全能的园林植物是极少的,或者说是没有的,为满足人们的观赏要求,应根据园林植物本身具有的特点来配置,如鹅掌楸主要观其叶形,桃花、紫荆主要是春天赏其花色,桂花主要是秋天闻其香,成片的树林所形成的"松涛"是闻其声。有些植物是多功能的,如月季花从春至秋,花开不断,既可观赏形、色,又可闻香。

(四)配置植物总体要求

总体上说,园林植物配置要求在平面上注意其疏密和轮廓线;在竖面上注意其树冠

线,树林中要组织透视线。还要重视植物的景观层次,注意远近观赏的效果。远观常看整体、大片效果,如大片秋叶;近看才欣赏单株树型,花、果、叶等的姿态。更主要的还要考虑庭园种植方式配置,切忌苗圃式的种植。配置植物要处理好与建筑、山、水、道路的关系。植物的个体选择,也要先看总体,如体型、高矮、大小、轮廓,其次才是叶、枝、花、果。

三、合理选择树种

(一)以乡土树种为主
乡土树种对土壤、气候适应性强,苗源多,易栽培养护,有地方特色。但为了丰富植物品种的多样性,也可选择一些经过引种驯化过的有推广价值的植物树种。

(二)选择抗性强的树种
抗性强的树种,如抗酸、碱、旱、湿、病虫害、空气中的烟尘和有毒气体能力的树种,既易栽植成功,也便于管理。

(三)选择既有观赏价值又有经济价值的树种
广西南宁市在果树街的绿化工作中,提出了"果、荫、美丽、材"四项要求,既符合行道树的功能要求,又有经济收益,取得了很好的效果。各地可根据自己的特色进行积极探索。

(四)选择不同生长特性的树种
选择不同生长特性的树种很重要,必须是速生树种与慢生树种相结合,远近结合,进行普遍绿化。

四、种植的密度和搭配

树木种植的密度是否合适,直接影响着绿化功能的发挥。从长远考虑,应该根据成年树木树冠大小来决定种植距离。如想在短期就取得好的绿化效果,则种植距离可近些。一般常用生长快、慢的树种适当搭配的办法来解决远近期过渡的问题,但树种搭配必须要合适,要满足各种树木的生态学要求,否则得不到理想的效果。

在树木配置上,还应该兼顾快长树与慢长树、常绿树与落叶树、乔木与灌木、观叶树与观花树的搭配。在植物配置上还要根据不同的目的要求和具体条件,确定树木花草之间的合适比例,如纪念性园林常绿树比例就可高些。

树木种植搭配时,还要注意和谐,要渐次过渡,避免生硬。

种植设计要考虑保留和利用原有树木,尤其是名贵古树,可在原有树木基础上搭配植物种植。

第二节　种植设计

种植设计也就是园林植物的配置设计。种植设计必须依据功能要求、艺术处理和生物学特性相结合的原则进行。同时,要善于创新,继承和发扬中国园林植物配置的艺术传统,为人们创造出更加美好的新型园林。种植设计的主要类型有以下几种。

一、孤植

孤植主要是表现植物的个体美，要求观赏植物：①体型高大，枝叶茂密，树冠开展；②生长健壮、寿命长；③无带污染性脱落的花果，不含毒素；④具有特殊观赏价值；⑤花繁茂、香气浓，或叶色变化丰富多彩。常见的孤植树种有雪松、金钱松、香樟、广玉兰、樱花、梧桐、珊瑚树、银杏、柳树、七叶树、红枫、无患子等。

所谓孤植树，并不意味着只栽一棵树，有时为增添景观宏伟，也可将两株或三株同一品种的树木种在一起，形成一个特有形式的树冠，效果如同一株丛生树干。孤植树的主要功能是构图艺术上的需要，作为局部空旷地段的主景，同时也可以遮阴。孤植树作为主景是用以反映自然界个体植株充分生长发育的景观，外观上要挺拔繁茂，雄伟壮观。

孤植树在园林种植树木中的比例虽然很小，却有相当重要的作用。孤植树种植的地点要求比较开阔，不仅要保证树冠有足够的生长空间，而且要有比较合适的观赏点，使人们有足够的活动余地和适宜的欣赏位置。

在园林中，孤植树常布置在大草坪、林中空地，有一定视距供人欣赏，也可布置在开朗的水边或眺望宽阔远景的高地上。也有在自然式园路或河岸溪流的转变处，以吸引游人前进，通常叫做诱导树，诱导游人进入另一景区。另外，还可配置在公园前广场的边缘、人流少的地方，以及园林建筑组成的院落中，小型游憩建筑物正面铺装的场地上。不管配置在何处，都必须取得周围环境背景的衬托，从而更可突出孤植树的形体美和色彩美。

孤植树作为园林构图的一部分，不是孤立的，必须与周围环境和景物相协调，统一于整个园林构图之中，可与周围景物互为配景。如果在开朗广场的草地、高地、山岗或大水面的边缘栽种孤植树，所选树种必须特别巨大，才能与广阔的草地、山岗、水面取得均衡。这些孤植树的色彩要与做背景的天空、水面、草地有差异，才能使孤植树在姿态、体形、色彩上突出，例如选择香樟、白皮松、乌桕、银杏、枫香等都很适宜。

在小型的林中草地、较小水面的水滨以及小的院落之中种植孤植树，其体形必须小巧玲珑，在体形轮廓上、线条上特别优美，色彩艳丽的树种有五针松、日本赤松、红叶李、紫叶桐、鸡爪槭等。

山水园中的孤植树，必须与透漏生奇的山石相调和，树姿应该选择盘曲苍古。适合的树种有日本赤松、五针松、梅花、黑松、紫薇等。此外，有的孤植树下可以配置自然巨石，供休息用。

建造园林，必须利用当地的成年大树作为孤植树，如果绿地中已有上百年或数十年的大树，必须使整个公园的构图与这种有利的原有条件很好地结合起来，利用原有大树，可以提早数十年实现园林艺术效果，是因地制宜、巧于因借设计方法的最好体现。如果没有大树可以利用，则利用原有中年树（10～20年生的珍贵树）为孤植树也是有利的。建设园林使用孤植树时，最好选用超级大苗，吊装栽植，这对早日实现艺术效果是有利的。

二、对植

对植是指两株树按照一定的轴线关系作相互对称或均衡的种植方式，主要用于强调公园、建筑、道路、广场的入口，同时结合遮阴、休息，在空间构图上是作为配景用的。

在规则式种植中,利用同一树种、同一规格的树木,依主体景物的中轴线作对称布置,两树的连线与轴线垂直并被轴线等分,这在园林的入口、建筑入口和道路两旁是经常运用的。规则式种植中,一般采用树冠整齐的树种,而一些树冠过于扭曲的树种则需注意使用得当。种植的位置既不能妨碍出入交通和其他活动,又要保证树木有足够的生长空间。一般乔木距离建筑物墙面要在 5 m 以上,小乔木和灌木可酌情减少,但也不能距离太近,至少要在 2 m 以上。

在自然式种植中,对植是不对称的,但左右仍是均衡的。在自然式园林的进口两旁、桥头、蹬道的石阶两旁、河道的进口两旁、闭锁空间的进口、建筑物的门口,都需要有自然式的进口栽植和诱导栽植。自然式对植最简单的形式,就是以主体景物中轴线为交点取得均衡关系,分布在构图中轴线的两侧,必须采用同一树种,但大小和姿态不能相同,动势要向中轴线集中,与中轴线的垂直距离,大树要近,小树要远,两树栽植点连成直线,不得与中轴线成直角相交。

自然式对植也可以采用株数不同、树种不同的树进行配植。如左侧是一株大树,右侧为同一种的两株小树,也可以是两边是相似而不相同的树种或两种树丛,树丛的树种也必须是近似的。双方既要避免呆板的对称形式,但又必须对应。两株或两个树丛还可以对植在道路两旁,构成夹景,利用树木分枝状态或适当加以培育,构成相依或相交的自然景象。

三、行列植

行列植系指按一定的株行距成行成排的种植方式,或许在行内株距有变化。行列栽植形成的景观比较整齐、单纯,气势大。它是规则式园林绿地(如道路、广场、工矿区、居住区、办公大楼绿化形成的绿地)中应用最多的基本栽植形式。在自然式绿地中也可布置比较整形的局部。行列栽植具有施工管理方便的优点。

行列式栽植宜选用树冠体形比较整齐的树种,如圆形、卵圆形、倒卵形、椭圆形、塔形、圆柱形等,而不选择枝叶稀疏、树冠不整形的树种。行列栽植的株行距,取决于树种的特点、苗木规格和园林主要用途,如景观、活动等。一般乔木采用 3~8 m,甚至更大些。灌木为 1~5 m,过密就成了绿篱了。

行列植在设计时,要处理好与其他因素的矛盾。行列栽植多用于建筑、道路、上下管线较多的地段,要实地调查,与有关部门和有关方面研究协商,配合解决矛盾,而在景观上又能相互协调。行列植与道路配合,可以取得夹景的效果。

行列植的基本形式有以下两种:

(1)等行等距。从平面上看是成正方形或品字形的种植点,多用于规则式园林绿地当中。

(2)等行不等距。行距相等,行内的株距有疏密变化,从平面上看是成不等边的三角形。可用于规则式或自然式园林局部,如路边、广场边、水边、建筑物旁边等。株距有疏密不同,比严格的等行等距有变化,也常用于从规则式栽植到自然式栽植的过渡。

四、丛植

（一）丛植的特点和要求

丛植指数株到几十株乔木或灌木组合而成的种植类型。树木丛植是园林绿化中重点布置的一种配植设计类型。对树种选择和搭配要求精细，个体间既有统一联系，又有各自的变化，要有主有次，有对比有衬托。一般重点布置在有合适视距的开朗场所，有宽阔水面的水滨，水中主要岛屿，道路转变处，交叉口和山丘山坡上等。

（二）丛植在造景方面的作用

（1）作为对景和障景，配合其他材料分隔成景区。常用在入口或主要道路的分道、弯道、尽端的处理。应用这种处理手法的树种，要选用枝叶繁茂、形态美观的。

（2）作为大型公共建筑物的配景和局部空间的主景。大型建筑物的左右两端配植高大树丛作调和建筑物的垂直线。园林中有些局部空间，如草坪中间、水际、岛上等视线集中的位置，常用树丛作局部景点的焦点，有突出的观赏效果。

（3）用树丛作景物的背景。为了突出雕像、纪念碑等景物，常用树丛作背景和陪衬。

（4）利用树丛增加空间层次和作为夹景、框景。在比较狭长和空旷的空间，配植树丛作适当的分隔，树丛丰富的层次可以使视线深远，消除冗长单调的缺点。如果前方有景点，树丛又起到夹景或框景的作用。

（三）丛植的设计要点

选用丛植树种不宜多，要充分掌握生物学特性和个体之间的相互关系，使植株在空间、光照、通风、温度、湿度和根系的生长发育各得其所。在配植的形态和色彩方面达到统一与变化的艺术效果。对自然式树丛的配植形式有以下几个方面的原则要求：

（1）树种要少，形态差异不宜过于悬殊。要求高低大小和色彩的变化，既丰富又协调。

（2）树丛中要有一个基本树种，配植上有主有从，如图7-1所示的三株配植，一株小桂花和一株紫薇为一组，另一株大桂花配植在另一端，这一树丛是以大桂花为主，小桂花为次，紫薇起陪衬主体的作用。丛植在大小、高低、色彩、常绿落叶方面都有变化。

（3）树丛的配植在位置组合、比例大小等方面都要达到均衡，立面宜有高低、大小、层次、疏密、色彩、亮度、前后等方面的变化。

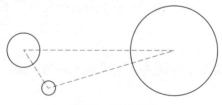

图7-1　三株丛植

（四）丛植配置的基本形式

1. 两株配合

两株必须既有调和又有对比，使两者成为统一体。明代画家龚贤说：二株一丛，必一俯一仰，一倚一直，一向左一向右，一有根一无根，一平头一锐头，二根一高一低。又说：二

树一丛,分枝不宜相似,即使十树、五树一丛亦不得相似。因此,两株配合必须要有顾盼生情的趣味才能生动活泼。

2.三株配合

三株配合最好采取姿态大小有差异的同一树种。如用两个树种,可以是类似的树种,或同为常绿树种,或同为落叶树种,也可以常绿、落叶相配,但要彼此平衡和呼应。

明代画家龚贤说:古云:三树一丛,第一株为主树,第二株、第三株为客树。三树一丛,则二株宜近,一株宜远,以示别也。近者曲而俯,远者直而仰。三株不宜结,亦不宜散,散则无情,结则是病。

三株配植,树木的大小、姿态都要有对比和差异,栽植时,三株切忌在一直线上,也切忌等边三角形栽植,三株的距离都要不相等,其中有二株即最大一株和最小一株要靠近一些,使成一小组,中等的一株要远一些,使成为另一小组,但二个小组在动势上要呼应,构图才不致分割,如图7-2所示。

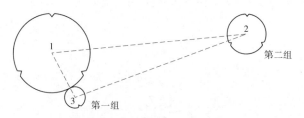

图7-2　三株同树种组成的树丛

三株由两个不同树种组成的树丛,两个树种大小相差不要太大,其中第一号与第二号为同一树种,第三号为另一树种,第一组由最大的桂花和最小的紫薇组成,第二组为一株桂花,这样第一组与第二组有共性也有差异,达到有变化而又有统一(见图7-3)。

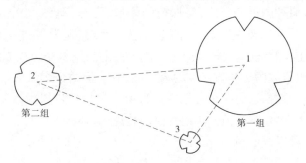

图7-3　三株不同树种组成的树丛

3.四株配合

四株树组合的树丛,不能种在一条直线上,要分组栽植。按树丛外形可分为两种基本类型,一种是不等边的三角形(见图7-4),一种是不等边的四边形(见图7-5)。

树丛分组栽植,但不能两两组合,也不要任何三株成一直线,可分二组或三组。分为二组即三株较近,一株远离;分为三组即二株一组,另一株稍远,再 株远离(见图7-4)。

树种相同时,在树木大小排列上,最大的一株要在集体的一组中,远离的可用大小排列在第二、第三的一株(见图7-4与图7-5,图中数字代表树木大小的数序)。

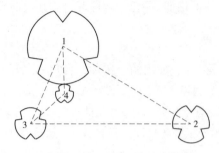

图7-4　不等边的三角形(四株分两组)

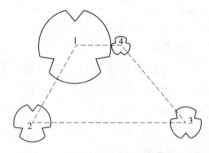

图7-5　不等边的四边形(四株分三组)

当树种不同时,其中三株要为同一树种,一株为另一树种,这另一树种的一株不能是最大的,也不能是最小的,而且这一株不能单独成一小组,必须与其他一种树种组成一个三株的混交树丛,这一株应该与相邻的一株靠拢并居于中间,不要靠边。由三株桂花一株紫薇组成的树丛,举二例如图7-6和图7-7所示。

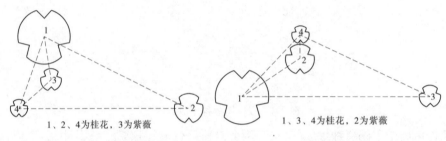

图7-6　四株同种树组合(一)　　　　　**图7-7　四株同种树组合(二)**

4. 五株组合

五株同为一个树种的组合方式,每株树的体形、姿态、动势、大小、栽植距离都不同。最理想的分组方式是3∶2,就是三株一小组,二株一小组,但大号树一定要在三株的那组当中,这样才能使主体始终在三株一组中。组合原则是:三株小组组成的树丛与三株的树姿势相同,二株小组组成的树丛与二株的树姿势相同,但两个小组必须各有动势,而且两组树丛的动势要取得均衡。另一种分组方式为4∶1,其中单株树木不要是最大的,也不要是最小的,最好是2、3号树种,但两小组距离不宜过远,动势上要有联系。

五株由两个树种组成的树丛,配置上可分为一株和四株两个单元,也可分为二株和三株两个单元。当树丛分为4∶1两个单元时,三株树种应该分别置于两个单元中,二株树种应该置于同一个单元中,不可把二株的树种分为两个单元,如果要把二株的树种分为两个单元,其中一株应该配置在另一树种的包围之中。当树丛分为3∶2两个单元时,不能三株的树种在同一单元,另一个二株的树种则应该在同一单元之中。现分别列出示意图如图7-8~图7-10所示。

5. 六株以上的组合

六株以上的组合实际上就是二株、三株、四株、五株几个基本形式相互组合而成的。

树木的配置,株数越多就越复杂,三株是由二株一株组成,四株是由三株一株组成,五株是由四株一株或三株二株组成。理解了五株的配置道理,则六、七、八、九株同理类推。

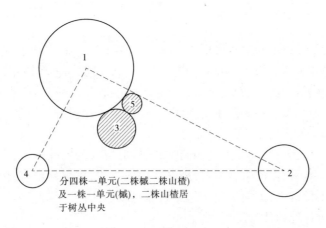

分四株一单元(二株槭二株山楂)
及一株一单元(槭)，二株山楂居
于树丛中央

图7-8 五株组合（一）

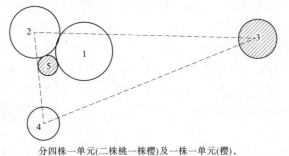

分四株一单元(二株桃一株樱)及一株一单元(樱)，
其中一株樱分离，一株樱居于三株桃之中

图7-9 五株组合（二）

分三株一单元(黑松两株鸡爪槭一株)及
两株一单元(一株黑松一株鸡爪槭)，每个
单元中均有两种树，最大一株在三株的单元中

图7-10 五株组合（三）

芥子园画谱中说:五株既熟,则千株万株可以类推,交搭巧妙,在此转美。其基本关键仍在调和中要求对比差异,差异太大时又要求调和,所以株数愈少,树种愈不能多用,株数慢慢增多时,树种可以慢慢增多,但树丛的配合在10～15株以内时,外形相差太人的树种最好不要超过五种以上,如外形十分类似的树木,可以增多种类。

五、群植

组成树群的单株树木一般数量要求在20～30株以上。树群所表现的主要为群体美，树群也像孤植树和树丛一样，是构图上的主景之一。因此，树群应该布置在有足够距离的开朗场地上，如靠近林缘的大草坪上、宽广的林中空地、水中的小岛屿上、宽广水面的水滨、小山坡上、土丘上等。在树群主要立面的前方，至少在树群高度的4倍和树群宽度的1.5倍距离处，要留出空地，以便游人欣赏。

树群规模不宜太大，在构图上要四面空旷，树群组成的每株树木，在群体的外貌上都要起到一定的作用。树群的组合方式，最好采用郁闭式，成层地结合，树群内通常不许游人进入，游人也不便进入，因而不利于作庇荫休息场所之用。但树群的北面，树冠开展的林缘部分，仍然可供庇荫休息之用。

树群可以分为单纯树群和混交树群两类。

单纯树群由一种树木组成，可以应用宿根性花卉作为地被植物。

树群的主要形式是混交树群。混交树群分为五个部分，即乔木层、亚乔木层、大灌木层、小灌木层及多年生草本植被等。其中每一层都要显露出来，其显露部分应该是植物观赏特征突出的部分。乔木层选用的树种，树冠的姿态要特别丰富，使整个树群的天际线富于变化；亚乔木层选用的树种，最好开花繁茂，或者具有美丽的叶色；灌木层选用的树种，应该以花木为主；草本植被应该以多年生野生性花卉为主，保证树群下面的土面不能暴露。

树群组合的基本原则是：高度采光的乔木层应该分布在中央，亚乔木在四周，大灌木、小灌木在外缘，这样不致互相遮掩，但其各个方向的断面，不能像金字塔群那样机械，树群的某些外缘可以配置一两个树丛及几株孤植树。

树群内植物的栽植距离要有疏密变化，要构成不等边三角形，切忌成行、成排、成带地栽植。常绿、落叶、观叶、观花的树木，其混交的组合，不可用带状混交；又因面积不大，不可用片状、块状混交；应该用复层混交及小块混交与点状混交相结合的方式。

树群内，树木的组合必须很好地结合生态条件，有的地方种植树群时，在乔木玉兰之下，用了阳性的月季作下木，而将强阴性的桃叶珊瑚暴露在阳光之下，这是不恰当的。作为第一层乔木，应该是阳性树，第二层亚乔木可以是半阴性的，种植在乔木庇荫下及北面的灌木可以是半阴性和阴性的。喜暖的植物应该配置在树群的南方和东南方。

树群的外貌要高低起伏富有变化，要注意四季的季相变化和美观。

六、林带（带植）

自然式林带就是带状的树群，一般长短轴之比为4:1以上。林带在园林中用途很广，可屏障视线，分隔园林空间，可做背景，可庇荫，还可防风、防噪声等。

自然式林带内，树木栽植不能成行成排，各种树木之间的栽植距离也要各不相同，天际线要起伏变化，外缘要曲折。林带一般由乔木、亚乔木、大灌木、小灌木、多年生花卉组成。

林带属于连续风景的构图，构图的鉴赏是随着游人前进而演进的，所以林带构图中要

有主调、基调和配调,要有变化和节奏,主调要随季节交替而交替。当林带分布在河滨两岸、道路两侧时,应该成为复式构图,左右的林带不要求对称,也可以混交,均要视其功能和效果的要求而定。乔木与灌木、落叶与常绿混交种植,在林带的功能上也较好地起到防尘和隔声之效果。

防护林带的树木配植,可根据其要求,进行树种选择和搭配,种植形式可采用成行成排的方式。

七、树林(林植)

凡成片、成块大量栽植乔、灌木,构成林地或森林景观的称为林植或树林,林植多用于大面积公园安静区域、风景游览区或休疗养区及生态防护林。

(一)树林的作用

1. 防护作用

树林从功能上看具有防护作用,它是园林绿化中的一种基本种植类型,如防风林、水源林、护岸林、防护林等。单就防风效果来看,6~8级大风通过林带后,在风向面相当于树高5倍的地方和背风面相当于树高20倍的地方,风力可降低至3~4级,风力减小,对湿度、沙、尘、灰等也产生了良好的影响。

2. 生产作用

树林在生产潜力上也是有很大作用的,可结合生产木材、粮(栗子可作粮食)、油、水果等,还可利用树林中的空地进行苗木培育。

3. 造景作用

树林在园林中的最大作用是其具有造景作用,如屏障视线、分隔空间,河道两旁的树林还有夹景、衬景作用。有的树林本身就是风景,如杭州超山、广州罗岗洞等地,那一望无际的梅林,美称"香雪海"。

(二)树林的设计要求

(1)充分利用河边、沟边、道旁等荒地,尽可能地把不同功能的林带结合起来,最大程度地少占耕地。作为工矿企业防止有害物质的防护林要分析有害物质的来源、危害状态、范围,才能选择抗毒害树种和因害设防的结构形式。

(2)确定合适的株行距,疏林可供停车、练拳、茶室等活动。

(3)风景林通常分为疏林和密林两类,一般都是结合草地进行规划设计的。

"疏林草地"夏天可庇荫,冬天又有阳光,草地还可供人游憩、活动,且林内景色变化多姿,深受广大游人喜爱。树种选择最好是叶色美丽、有芳香,不妨碍卫生。

密林一般林缘郁闭,外面透视不易。密林的栽植密度如采用1~2年生小苗木,阔叶树每公顷1万株左右,针叶树每公顷1.5万株左右,通常4~5年后可间伐一次,保持2~3 m的株行距就可以了。

自然式园林中通常还是以大小不同的片状混交林为主,有郁闭、有透视,郁闭掩景可为透视欣赏幽深的自然美,在深度上具有独特的景观效果,特别是远处透视主要景点,更是美不可言。自然式混交林要有远近开合的变化,密林里的主干道两侧可以用灌木花卉或草花点缀,组成近赏的花径。混交林树种宜少,如北京香山以油松、黄栌为主,互为衬

托,简洁大方,以秋林红叶取胜。

八、攀缘植物的种植设计

攀缘植物是垂直绿化的主要材料(凡垂直地面的空中绿化,人们都习惯称之为垂直绿化,搞得好可出现"空中花园"),可以节约土地,充分利用空间扩大绿化的效能和丰富景物的立面景观。这类植物是很丰富的,草本的如瓜果,生长快,收效也快;木本的虽然生长较慢,但一经成功,常年美观。

(一)附属于建筑物的攀缘植物

此种类型可很有效地降低夏天酷暑墙面的温度,从而改善室内气温,特别对于西面墙体的作用最为显著,据测定室内可降温 3~7 ℃,同时还可吸附大量的烟尘,减少噪声,美化建筑物。通常有以下几种类型的攀缘植物。

(1)直接贴附墙面的攀缘植物。有吸盘和气生根的植物,如常春藤、地锦、薜荔、爬山虎等,用不着装置便可直接攀附到墙面上去。

(2)借助支架攀缘的攀缘植物。没有附吸性的植物,如葡萄、紫藤、猕猴桃等,可利用墙面结构设支架供其攀附缠绕。

(3)要引绳牵引的攀缘植物。对于一些体量轻的草本植物(主要是一、二年生草本),如牵牛花、瓜果等,则要在墙上悬挂铅丝、绳子等将其牵引上去。

对于附属于建筑物的攀缘植物的种植设计,除了要考虑以上不同类型的植物特性外,还要考虑所用到的附属设施(如支架、铅丝等)。设立支架时,要适当考虑到冬季,因为没有绿叶面覆盖墙体,露出的支架外形会影响美观。在住宅建筑墙壁进行垂直绿化时,如墙面宽大,可以以多年生攀缘植物为主,一般低层建筑或高层建筑的低层宜用一、二年生草本植物,或配以生长不高的木本植物,如木香、蔓性蔷薇等。在选用观花的攀缘植物时,则宜选花色与墙壁的颜色相对比的种类,如在灰白墙采用凌霄,比在红墙上攀缘凌霄效果要好多了。

在城市主干道的高大建筑,一般不用攀缘植物攀缘到正面的墙体上去,而只用来装饰阳台和篱架。

高层建筑由于过高,不能直接利用地面土壤,可以利用各种容器,盛以培养土放在窗台、阳台上作各种布置,这是容易做到和受欢迎的形式。

注意,垂直绿化会给建筑物带来损坏,如果有损墙基,墙面的装饰物被掩盖和一些昆虫及爬行动物的副作用,需要采取措施加以预防。

(二)棚架布置的攀缘植物

利用棚架、花架、廊架作为庭荫设施和局部景点布置攀缘植物还是很多的。棚架形式要因地制宜地配合环境,要比例适当,形象轻巧,色彩协调,采用材料能耐久,经受得了植物和风雨等负荷。

棚架用的攀缘植物,一般采用同一树种,一株或数株栽植在棚架周围。大型的棚架也可用形态类似的几种植物,如蔷薇科各种攀缘植物种在一起,可色彩绚丽。为了弥补多年生植物幼年不能覆盖棚架的问题,可以临时种植一些草本攀缘植物,或先不建棚架,让植物在地面上自然生长,长成了再搭上棚架。

除墙面棚架形式装饰外,攀缘植物还用做篱棚、板墙、圈门、胸墙、土坡斜面装饰等。

(三)土坡、假山攀缘植物种植

土坡的斜面角度超过允许的斜角时,便会产生不稳定和冲刷现象,在这种情况下,用根系庞大、牢固的攀缘植物覆盖地面,既可稳定土壤又使土坡有平阔的外貌,如斜坡较高,还须分成若干个水平条来进行种植。

我国古典式山水园林中利用假山作点缀的很多,大部分过于偏重欣赏山石本身的体形,但山石全部裸露有时显得缺乏生气,让人感到乏味。为了改进这种情况,常栽植攀缘植物装饰在玲珑剔透的山石上。如杭州西湖三潭印月"九狮石"上的凌霄,有些石笋上攀附地锦,洞穴中贯穿缠绕老态龙钟的紫藤,更是增添了山石的自然野趣。特别是苏州留园玉峰仙馆前一株由灌木修剪成的藤本枸杞穿穴攀附在高大的太湖石上,枝梢散垂,花果累累,是别开生面的种植形式。挺立的石笋缠绕以苍劲的攀缘植物,可以打破其体形的单调。有些外观不好看的山石部分可用攀缘植物覆盖,以润饰石面。不过运用攀缘植物和山石搭配时,在选用植物种类和确定覆盖度等方面,都要结合山石的观赏价值和特点,不要影响山石的主要观赏面,以免喧宾夺主。

九、绿篱种植设计

凡是由灌木或小乔木以近距离的株行距密植栽成单行或双行的紧密结构的规则式种植形式称为绿篱。

(一)绿篱的作用

绿篱根据修剪与否,有整形和自然形两种形式。前者取生长缓慢、枝叶紧密、耐修剪的常绿灌木和乔木,如罗汉松、侧柏、龙柏、女贞、雀舌黄杨、锦熟黄杨、大叶黄杨等。生长最缓慢的种类,可修剪成简单几何形模纹形式。后者一般选用开花灌木较多,如木槿、枸骨、枸橘、十大功劳、珊瑚树、六月雪等,不加修剪,任其自然生长。

绿篱的作用主要有以下几种:

(1)强调用地外围的轮廓线;

(2)作屏障,用来分隔景区,减少噪声、灰尘;

(3)结合生产作防范边界;

(4)美化土墙,用灌木类开花植物做成花墙;

(5)造景,可组成迷园或文字、图案等。

(二)绿篱的类型

1.按高度分

根据高度的不同,可以分为绿墙、高绿篱、绿篱、矮绿篱4种。

(1)绿墙:又称树墙,高度在一般人眼高度(约160 cm)以上,用以阻挡人们的视线不能透过的绿篱就叫绿墙或树墙。

(2)高绿篱:凡高度在160 cm以下120 cm以上,人的视线可以通过,但其高度一般人不能跳跃而过的绿篱称为高绿篱。

(3)绿篱:凡高度在120 cm以下50 cm以上,人们要比较费事才能跨越而过的绿篱称为中绿篱或绿篱,即通常说的普通绿篱,这是一般园林中最常用的绿篱类型。

（4）矮绿篱：凡高度在 50 cm 以下，人们可以毫不费力而跨越的绿篱称为矮绿篱。

2. 按功能要求与观赏要求分

根据功能要求与观赏要求不同，可分为常绿篱、落叶篱、花篱、观果篱、刺篱、蔓篱、编篱等。

（1）常绿篱：由常绿树组成，为园林中最常用的绿篱。常用的主要树种有桧柏、侧柏、罗汉松、大叶黄杨、海桐、女贞、小腊树、冬青、波缘冬青、锦熟黄杨、雀舌黄杨、月桂、珊瑚树、桐树、蚊母、观音竹、茶树、常春藤等。

（2）落叶篱：由一般落叶树组成的绿篱叫落叶篱。东北、华北地区常用的主要树种有榆树、丝绵木、紫穗槐、雪柳等。

（3）花篱：由观花树木组成，为园林中比较精美的绿篱与绿墙。常用的主要树种有：①常绿芳香花木，如桂花、栀子花等；②常绿或半常绿花木，如六月雪、金丝桃、迎春、黄馨等；③落叶花木，如木槿、锦带、溲疏、玲珠花、麻叶绣球、日本绣线菊等。

常绿芳香花木用在芳香园中作为花篱尤其具有特色。

（4）观果篱：许多绿篱植物在果实长成时可以观赏，别具风格，如紫珠、枸骨、火棘，其中枸骨可作绿墙材料。观果篱以不严重的规则整形修剪为宜。如果修剪过重，则结果减少，影响观赏效果。

（5）刺篱：在园林中为了防范，常用带刺的植物作绿篱，这样比制作铅丝既经济又美观。常用的树种有枸骨、枸橘、花椒、黄刺梅、胡颓子等，其中枸橘在山东、河南作绿墙有"铁篱寨"之称。

（6）蔓篱：在园林中或一般的机关、住宅小区，为了能够迅速达到防范或区划空间的作用，又由于一时得不到高大的树苗，则常常先建立竹篱、栅栏围墙或铅丝网篱，同时栽植藤本植物攀缘到篱栅之上，这样做别有特色。这种篱就叫蔓篱。

（7）编篱：为了增加绿篱的防犯作用，避免游人或动物穿行，有时把绿篱植物的枝条纺织起来，作为网状或格状形式。常用的植物有木槿、杞柳、紫穗槐等。

（三）绿篱的种植密度

绿篱的种植密度根据使用目的、不同树种、苗木规格和种植地带的宽度而定。矮绿篱和一般绿篱株距可采用 30～50 cm，行距 40～60 cm，双行式绿篱成三角形交叉排列。绿墙的株距可采用 1～1.5 m，行距 1.5～2 m。绿篱的起点和终点应该作尽端处理，这样从侧面看比较美观，图 7-11 所示为尽端未处理方式，图 7-12 所示为尽端处理的几种方式。

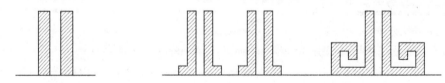

图 7-11　尽端未处理方式　　　　　图 7-12　尽端处理的几种方式

十、花坛

在具有一定几何形轮廓的种植床内种植各种不同色彩的观赏植物构成一幅具备花样

纹样或鲜艳色彩的图案就称花坛。可以说花坛是用活的植物构成来表示群体美的图案装饰。在园林布局中花坛常作为主景或配景处理。

(一)花坛的几种形式及其特点

1.独立花坛

独立花坛是作为园林局部构图的一个主体而独立存在的,具有几何形轮廓,通常布置在建筑广场的中央、道路的交叉口,由花架或树墙组织起来的绿化空间的中央等。独立花坛的平面外形都是对称的几何形,有的是单面对称,有的是多面对称,它的长轴与短轴的差异不能大于3:1,它的面积不能太大,因为花坛内没有道路,游人不能进入,如果面积太大,远处的花卉就模糊不清了,失去了艺术的感染力。独立花坛可以设置在平地上,也可以设置在斜坡上。

独立花坛根据种植的花卉所表现的主题不同,可分为下列几种:

(1)花丛花坛:以观花的草本花卉在花朵盛开时花卉本身华丽的群体为表现主题。所栽花卉必须繁茂鲜丽,花期一致,在花朵盛开时达到见花不见叶的效果。通常用一、二年生花卉,一年中经多次更换交替,达到四季绚丽不同的效果。

(2)图案花坛:应用各种不同色彩的观叶植物和花叶兼美的植物组成华丽的图案来表现主题,最宜居高临下观赏。亦有做成立体造型的,如瓶饰、花篮、大象等。选择的花卉观赏期要长一些,花朵或叶要小而密集,植株较矮而高低一致,常用材料以秋季的五彩苋最多。

(3)混合花坛:是两者的混合,兼有华丽的色彩和精美的图案。

2.花坛群与花坛群组

由两个以上的个体花坛组合成一个不可分割的构图整体称为花坛群。由几个花坛群组合成一个不可分割的整体图案称花坛群组。

花坛群的中心结构可以是独立花坛,也可以是水池、喷泉、雕像、纪念碑等。花坛群中的小分区的道路供人们游憩活动,大规模的花坛群里还可放置座椅、花架以供游人休息。

花坛群组通常是布置在大规模的规则式园林中,除有花坛群的装饰物外,常用图案形草坪作衬托。

3.带状花坛

宽度在1 m以上,长度比宽度大3倍以上的长形花坛称为带状花坛。在连续风景构图中,带状花坛可作为主体来运用,也可作为观赏花坛的镶边,常设于路边及道路中央建筑物墙基或草地边缘。一般采用花丛式的花卉配植。

由独立花坛和带状花坛有节奏地组成直线,排列成整体,称做连续带状花坛群。除平地可组成连续带状花坛群外,坡两旁或中央也可布置。连续带状花坛群不论是斜面还是平地,阶梯形布置均可。

(二)花坛的设计要点

(1)作为广场主景的花坛,花坛外形要与广场外形相一致。为显得活泼一些,花坛外形也可有与广场相协调下的式微变化。花坛的纵轴和横轴应该与建筑物或广场的纵轴线相重合,或与整个布局的主要轴线相重合。

(2)当主景花坛是为雕像、喷泉、纪念性建筑物作装饰时,花坛色彩、图案都要处于从

属地位,以突出主题为主。

(3)作为配景处理的花坛,总是以花坛群的形式出现,通常配置在主景主线两侧。如果主景是多轴对称的,配景花坛只能是在各对称轴的两侧,要取得对称。

(4)作为个体花坛,面积不宜过大,过大反而对鉴赏不利,不能鲜明突出。

(5)花坛主要是观赏平面图案美,栽植坛不能太高,一般为了突出花坛,排水畅通,花坛高度一般高于地面7~10 cm,中央稍稍隆起,坡度3%~5%,花坛周围用建筑材料或植物材料做边,但不宜过高和过宽,一般高10~15 cm、厚10 cm为好,形、色应该朴素、简洁,与广场建筑相协调。

(6)种植土厚度视植物种类而异,种植一年生花卉为20~30 cm,多年生花卉及灌木为40 cm。如用盆栽花卉来布置花坛,比较灵活,不受场地限制,也不需要考虑花坛的种植土厚度,因花种植在盆中,只要盆内土层合适就行了。

十一、花境

花境是以多年生花卉为主组成的带状地段,花卉布置采用自然式块状混交,表现花卉群体的自然景观。它是园林中以规则式构图到自然式构图的一种过渡的半自然式种植形式。平面轮廓与带状花坛相似,栽植床两边是平行的直线或有几何规则的曲线。花境的长轴很长。矮小的草本植物花境宽度可小些,高大的草本植物或灌木其宽度要大些。花境的构图是一种沿着长轴的方向演进的连续构图,是竖向和水平的综合景观。花境所选用的植物材料以能越冬的观花灌木和多年生花卉为主,要求四季美观又有季相交替变化,一般栽植后3~5年不更换。花境表现的主题是表现观赏植物本身所特有的自然美,以及观赏植物自然组织的群落美,所以构图不是平面的几何图案,而是植物群落的自然景观。

(一)花境的种类

花境可分为单面观赏和两面观赏两种类型。

1. 单面观赏的花境

单面观赏的花境多布置在道路两侧,建筑、草坪的四周。应该注意把高的花卉种植在后面,矮的种植在前面。它的高度可以超过游人视线,但也不能超过太多。

2. 两面观赏的花境

两面观赏的花境多布置在道路的中央,高的花卉要种植在中间,两侧种植较矮的花卉。中间最高的部分不要超过游人的视线高度,只有灌木花境才可以稍微超过一些。

(二)常用花境布置的形式或场合

1. 建筑物与道路之间的带状空地

布置花境作基础装饰,这种装饰可以使建筑与地面的强烈对比得到缓和。为建筑物基础栽植的花境应该采用单面观赏的种类。

2. 在道路上布置花境

(1)道路中央布置两面观赏的花境,两侧可以是简单的草地和行道树,或简单的绿篱和行道树。

(2)在道路两侧每边布置一列单面观赏的花境,花境的背景可有绿篱和行道树,这二列花境必须成为一个构图。

（3）道路中央布置一列两面观赏的独立演进花境,道路两侧布置一对应演进的单面观赏花境。

3. 与绿篱配合

在规则式园林中常应用修剪的绿篱,在其前方布置花境最为动人。花境可以装饰绿篱单调的基部,绿篱可以作为花境的背景,二者交相辉映,互有好处,然后在花境前配置园路以供游人欣赏。配置在绿篱前的花境是单面观赏的花境。

4. 与花架、游廊相配合

花境最好沿着游人喜爱的散步路线去布置。中国园林建筑游廊很多,在夏季有阳光的时候和雨天,游人常沿着游廊走动。所以,沿着游廊来布置花境能够大大提高园林风景的效果。

花架、游廊等建筑物一般都有高出地面 30～50 cm 的台基,台基的立面前方可以布置花境,花境外布置园路。这样游廊内的游人散步可以欣赏两侧的花境,走在园路上,花境又可以装饰花架和台基。

5. 与围墙和挡土墙的配合

庭园的围墙和阶地的挡土墙,由于距离很长,立面简单,为了绿化这些墙面,可以运用藤本植物,也可以在围墙的前方布置单面观赏的花境,墙面可以作为花境的背景。阶地挡土墙的正面布置花境,可以使阶地的地形变得更加美观。

十二、花台和花池

花台是中国古典园林中特有的花坛形式,其特点是整个栽植床高出地面很多,常用砖、石砌成规则的几何形体,高出地面 30～80 cm 不等。在栽植床里面自然地配植错落有致、高矮适宜的观赏植物,有时点缀湖石,以供平视。花台在中国式庭园中应用很多,有的用粉墙作陪衬,门窗为框,犹如一幅中国花卉画。花台因距离地面较高,排水条件好,又提高花卉与人的观赏视距,故常选用适于近距离观赏的、栽培上要求排水良好的树种。常用的花木材料有竹、南天竹、牡丹、芍药、杜鹃、腊梅、梅花、五针松、红枫。草本的有书带草、吉祥草、紫萼、阔叶麦门冬等,也有配以山石、小水面和树木做成盆景形式的花台。

花池是整个种植床和地面高程相差不多,边缘也用砖石维护,池中常灵活地种以花木或配置山石,这也是中国式庭园一种传统的花卉种植形式。

十三、花丛

自然式花卉布置一般以花丛为最小单元组合,每个花丛由 3～5 株甚至十几株花卉组成,可以是同一种类,也可以是不同种类混交,以选用多年生、生长健壮的宿根花卉为主,也可以选用野生花卉和自插繁衍的 1～2 年生花卉。花丛在经营管理上是很粗放的,可以布置在树林边缘或自然式道路两旁。

花丛从平面轮廓到立面构图都是自然的,同一花丛内种类要少而精,形态和色彩要有所变化,各种花卉以块状混交为主,并要有大小疏密及断续的变化。

十四、草地

(一)园林草地的含义与作用

园林中的草地亦称"草坪",是园林中用人工铺植草皮或播种草籽培养形成的整片绿色地面。"坪"原来是指山区或丘陵局部的平地或平原,也有人把园林中由绿色禾本科多年生草本植物组成的像绿毛毯覆盖的一样,并经常剔除杂草、轧剪、滚压的草地专门称为"草坪"。

草地的功能除保持水土、防尘、杀菌等外,在城市里、在园林中还有两项独特的功能:一个是绿茵覆盖的大地代替了裸露的泥土,给整个城市以一种整洁清新、绿意盎然、生机勃勃的面貌;另一个是用柔软的禾草铺成的绿色地毯,为人们提供了一个最为理想的户外游憩活动的场地。大片的绿色草地也给人一种平和、凉爽、亲切和心胸舒畅的感觉,不论男女老幼都愿意在这地毯上躺一躺、坐一坐,仰望蔚蓝的天空,呼吸清新的空气。因此,要求草地必须经得起游人的践踏。由于禾本科草本植物特别耐踏踩,并且植株不高,因而园林草地总以禾本科植物为主体,有时也混以少量的其他单子叶或双子叶草本植物,有时是单一的,有时也是混交的。

(二)园林草地的类型

1. 根据草地用途分类

(1)游憩草坪:供散步、休息、游戏及户外活动的草地称为游憩草坪。一般都经常进行轧剪,公园内应用较多。

(2)观赏草坪:这种草地不允许游人入内游憩践踏,专供观赏用。

(3)体育草坪:供体育活动用的草坪,如足球场草坪、网球场草坪、高尔夫球场草坪、儿童游戏场草坪等。

(4)牧草地:供放牧用,并结合园林游憩的草坪称为牧草地,以营养丰富的牧草为主,一般在郊区森林公园或风景区中应用。

(5)飞机场草地:在飞机场中铺设的草地。

(6)林中草地:在郊区森林公园或风景区的森林草地,一般不加轧剪,允许游人在上面活动。

(7)护坡护岸草地:凡是在坡地、水岸为保持水土不流失而铺的草地都称为护坡护岸草地。

以上各种类型的草地,以游憩草坪和观赏草坪为园林绿地经常应用的类型。体育草坪常在体育场中应用。

2. 根据草地植物组合分类

(1)单纯草地:由一种草本植物组成的草地,如结缕草草地、野牛草草地等。

(2)混合草地(或称混交草地):用好几种禾本科多年生草本植物混合播种形成,或禾本科多年生草本植物中混有其他草本植物形成的草地,称为混合草地。

(3)缀花草地:在以禾本科植物为主体的草地上混有少量的开花的多年生草本植物,例如在草地上自然疏落地点缀有秋水仙、水仙、鸢尾、石蒜、葱兰、花酢浆、马蔺、二月兰、点地梅、紫花地丁、野豌豆等草本及球根植物。这些植物数量一般不超过草地总面积的1/3,

城市园林绿化规划设计

100

分布有疏有密,自然错落,一般用于游憩草地、林中草地、观赏草地及护坡护岸草地。在游憩草地上这些花卉分布于人流较少的地方。这些花卉有时展叶、有时开花、有时花与叶均隐没于草地之中,地面上只见一片单纯草地,因而在季相构图上是很有趣味的。

(三) 园林草地的草种选择

园林草地最主要的任务是要满足游人游憩和体育活动的需要,因而选择的草种必须能够耐踏踩;其次,园林草地占地面积很大,不可能经常进行大规模的人工灌溉,因而选择的草种要有很好的抗旱性能(当然出现旱象时要设法浇水)。在极其丰富的草本覆盖植物里面,具有横茎及横走匍匐茎的禾本科多年生草本植物,最具有这种最大的适应性。

中国园林草地应用的草种,主要特点是草的高度一般在 10 ~ 20 cm,地下部有发达的根茎,地上部有发达的匍匐茎,耐踩的性能良好,在游人踩踏频繁时,即使不加轧剪,也能自然形成低矮致密的毯状草坪,同时,这类草种适应中国许多地区夏季高温多雨的气候。草地某些部分被破坏时,补植和恢复也比较容易。缺点是生长较慢,播种不易成功,一般多用无性繁殖。中国草皮种类相当丰富,现将一些适应性较强、各地园林绿化常用的种类简介如下。

1. 适应于北方地区的草种

(1)野牛草:适应性极强,在粗放的管理条件下,覆盖度可达 90% 以上。对光照的要求不敏感,在庇荫度大的乔木下绿化效果比羊胡子草及结缕草好。与杂草竞争力强,抗旱性强,耐践踏,有较强的再生力。

(2)结缕草:适应性较强,在粗放管理下,覆盖度达 80% ~85%,对光照的要求有一定的敏感性,与杂草竞争及再生能力次于野牛草,抗旱性强。

(3)羊胡子草:需要精细管理,覆盖度只有 40% ~60%,绿色持久期长,有较好的绿化效果。但对土壤的要求比较严格,对水分、光照比较敏感,在遮阴度大的乔木、灌木下绿化效果优良,与杂草竞争及再生能力极弱,抗旱性也较弱。

2. 适应于南方地区的草种

(1)狗牙根:匍匐茎发达,繁殖容易,适应性强,覆盖度达 80% ~90%,耐水淹,耐践踏,具有较强的再生能力,但较怕严寒。

(2)假俭草:俗名蜈蚣草,分布在华东各省及广东和西南各省,生长于潮湿地。具横走匍匐茎,蔓延力强,繁殖容易,覆盖度 70% ~80%,耐践踏,再生能力强,阳性,在中国长江以南多雨水地区可作为水边湿地护坡护岸草地用。

(3)细叶结缕草:又名天鹅绒芝草,叶细软,厚密如天鹅绒,似地毯状。阳性,不耐阴湿,植株低矮。这种草作草坪不必轧剪,只要适度滚压即可形成毯状外貌,在良好管理条件下,覆盖度可达 90% ~95%,是一种名贵的优良草皮。可作观赏草坪、水滨浴场、露天剧场观众座席、网球场草坪等。它是最精美的游憩草坪草种,但较娇嫩,适应性较差,抗寒、抗旱能力也较弱,与杂草竞争能力也不强,需要进行精细管理。

(4)沟叶结缕草:叶较天鹅绒芝草宽,质量稍差,但适应性较强,覆盖度可达 70% ~80%。

我国各地区应用较多的主要草地草种大致如上面几种,但多为阳性,不耐阴,同时均为单纯草地草种,很少有用混合播种草地的。

（四）园林草地的坡度与排水

1. 水土保持方面的要求

为了避免水土流失、坡岸的塌方或崩落现象的发生，任何类型的草地，其地面坡度均不能超过这种坡度的地形，一般应该采用工程措施加以护坡。

2. 游园活动的要求

一般游园活动都要求草地坡度较小。比如体育场草地，除了排水所必须保持有最低坡度外，越平整越好。一般观赏草地、牧草地、林中草地及护坡草地等，只要在土壤的自然排水坡度以上，在活动上没有特殊的要求。

关于游憩草地，则坡度具有一定的规定性要求。规则式游憩草地除必须保持最小排水坡度外，一般情况其坡度不宜超过 0.05。自然式的游憩草地，地形坡度最大不要超过 0.15；一般的游憩草地，70% 左右的面积其坡度最好在 0.05 ~ 0.10 起伏变化。当坡度大于 0.15 时，由于坡度太陡，进行游憩活动就不安全，同时也不便于轧草机进行轧草工作。

3. 排水的要求

草地最小允许坡度应该从地面的排水要求来考虑。体育场上的草地，由场中心向四周跑道倾斜为 0.002 ~ 0.005。一般普通的游憩草地，其最小排水坡度最好也不低于 0.002 ~ 0.005。起伏交错的地形不利于排水，必要时可通过埋设盲沟来解决。

4. 草地造型的要求

在考虑以上功能的前提下，对草皮的地形美的因素也应该结合统一考虑，使草坪地形与周围景物统一起来。地形要有单纯壮阔的气魄，同时又要有对比与曲线起伏的节奏变化。

十五、水生植物的种植设计

（一）水生植物在园林绿化中的作用

园林绿地中的水面，不仅起到调节气候、解决园林蓄水、灌水和创设多种水上活动的良好条件，而且在园林景观上也能起到重要作用。

有了水面就可栽种水生植物。水生植物的茎、叶、花、果都有观赏价值。种植水生植物可以打破水面的平静，为水面增添情趣；可减少水面蒸发，改变水质。水生植物生长迅速、适应性强，栽培管理粗放，管理省工，并可提供一定的农副产品。有的水生植物可做蔬菜、药材，如莲藕、慈菇、菱角等；有的则可提供廉价的饲料，如水浮莲等；有的还是很好的木材，如水杉、池杉、落羽杉、湿地松等。

（二）水生植物种植设计要点

1. 水生植物的分类

水生植物与环境条件中关系最密切的是水的深浅。在园林中运用水生植物根据其习性不同可分为以下几种：

（1）沼生植物：它们的根浸在泥中，植株直立挺出水面，大部分生长在岸边沼泽地带。如千屈菜、荷花、水葱、芦苇、荸荠、慈菇、落羽杉、水杉、池杉等，一般均生长在水深不超过 1 m 的浅水中，在园林中宜把这类植物种植在既不妨碍游人水上活动又能增添岸上风景的浅岸部分。

（2）浮叶水生植物：它们的根生长在水底泥中，但茎并不挺出水面，叶漂浮在水面上，如睡莲、芡实、菱角等。这类植物自沿岸浅水处到稍深的水域都能生长。

（3）漂浮植物：全植株漂浮在水面或水中。这类植物大多生长迅速，培养容易，繁殖又快，能在深水与浅水中生长，大多具有一定的经济价值。这类植物在园林中宜做平静水面的点缀装饰，在大的水面上可以增加曲折变化，如浮莲、浮萍等。

2．水生植物种植面积设计

在水体中种植水生植物时，不宜种满一池，使水面看不到倒影，失去扩大空间作用和水面平静感觉；也不要沿岸种满一圈，而应该有疏有密、有断有续。一般在小的水面里种植水生植物，可以占1/3左右的水面面积，留出一定空间，产生倒影效果。

3．水生植物种植种类搭配

种植水生植物时，树种选择和搭配要因地制宜。可以是单纯的一种，如在较大水面种植荷花或芦苇等，还能结合进行农业生产。也可以几种混植，混植时的植物搭配除要考虑植物生态要求外，在美化效果上要考虑有主次之分，以形成一定的特色。在植物间形体、高矮、姿态、叶形、叶色和特点以及花期、花色上能相互对比调和，如香蒲与慈菇搭配在一起既有高矮姿态变化，又不互相干扰，易为人们欣赏，而香蒲与荷花种在一起，高矮差不多，互相干扰就显得凌乱。

4．水生植物的水下设施

为了控制水生植物的生长，常需要在水下安置一些设施，最常用的方法是设水生植物种植床，最简单的是在池底用砖或混凝土做支墩，然后把盆栽的水生植物放置在墩上，如果水浅就不用墩，这种方式在水面种植数量少的情况下运用。大面积栽植用耐水湿的建筑材料作水生植物栽植床，把种植地点围起来，可以控制生长范围。

规则式水面上种植水生植物，多用混凝土栽植台，按照水的不同深度要求分层设置，也可利用缸来栽植。在规则式水面上可将水生植物排成图案，形成水上花坛。规则式水景中的水生植物要求观赏价值高的种类，如荷花、睡莲、黄菖蒲、千屈菜等。

第八章 各类绿地规划设计

第一节 带状绿地

城市带状绿地是道路绿地、游憩林带,公路、铁路以及各种类型的防护林带的总称。它在城市中占据重要地位,像绿色纽带把市区、郊区的公园、游园、庭园、休疗养地联系起来,构成完整的城市绿化系统。这不仅为城市居民的劳动、学习、工作、生活、休息提供了既舒适又美观的环境,同时对改善城市气候、保护环境卫生、防噪声、防尘、防风以及加强城市艺术面貌等方面都起着极其良好的作用。

一、道路的绿化

道路绿地规划的基本原则,就是不能仅仅考虑道路红线之内的绿地(如行道树种植带、游憩林荫带、交通岛绿地),而且还要把不属于红线内的街道旁边的绿地连同城市建筑、交通运输、工程管线、道路设施、建筑小品等综合考虑和统一规划。要把建筑、公共设施中的美景组织到道路沿线上来,首先必须调查、收集资料,包括道路的断面形式、路面结构,车往人流方向、流量,地下、地上管线,红线宽度、道路方位以及两旁建筑性质、层数等;其次是依据环境、城市造景等因素决定绿化方式。例如:道路有交通性公路、商业性街道、居民区小路等的区别,其绿化要求也应该有所区分。另外,要根据地形和环境特点因地制宜地设计道路绿地的纵横断面。不能强求对称平坦的道路,尤其是山城和丘陵地要随势而筑,斜坡除可栽植乔木外,还要铺植迎春、云南黄馨、麦门冬等花草,使街景显得生动自然。

(一)道路绿地的横断面布置形式

道路的横断面一般由机动车道、非机动车道、人行道、绿化分隔带(即行道树或绿化种植带)、游憩林荫带等组成。道路绿地的横断面组成结构见图8-1。

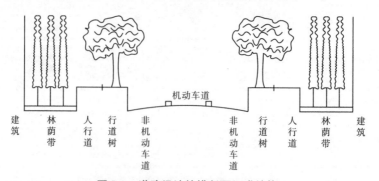

图8-1 道路绿地的横断面组成结构

我国现有道路横断面的三种基本形式如下：

（1）"一板两带"：即中间车道，两边是绿化种植带。其优点是简单整齐、用地经济、管理方便，但当车行道过宽时，遮阴效果差，且显得单调（见图8-2(a)）。

（2）"两板三带"：即在两旁车行道中间设一绿化分隔带，在车行道两侧的人行道上种植行道树（见图8-2(b)）。

（3）"三板四带"：由两条绿化分隔带把车行道分为三条，中间为机动车道，两侧为非机动车道，在绿化布置上就可以有四条绿化带，遮阴效果好，比混合车行道的行车速度高，缺点是用地面积大，投资费用大（见图8-2(c)）。

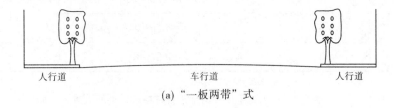

(a)"一板两带"式

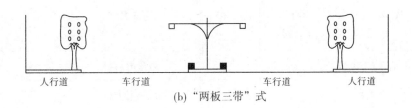

(b)"两板三带"式

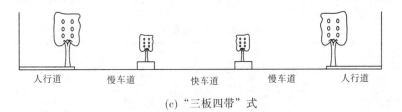

(c)"三板四带"式

图8-2 道路横断面的三种基本形式

实际情况中只允许在一侧布置行道树，则应当考虑当地的纬度、街道的方位、建筑的高度、行人的遮阴以及树木生长对日照条件的要求等因素进行规划，不能强求对称。就行人的遮阴要求而论，如果使树荫影射在烈日照射得最多的人行道上和建筑物的墙面上，则应该种植冠大荫浓的乔木。

在老城市路面很狭窄、交通又繁忙的道路，没有绿地栽种行道树，应该尽量利用花墙和其他墙面进行垂直绿化，也可充分发挥墙内种花墙外香、墙上花木内外赏的方式和装饰花盆等特殊形式，达到美化城市的效果。

（二）行道树的种植设计

行道树是街道绿化最基本的组成部分，沿道路种植一行或几行乔木，是街道绿化最普遍的形式。

行道树是沿车行道种植的,沿车行道有各种管线,在设计时一定要处理好与它们的关系,这样才能达到理想的绿化效果。表8-1～表8-5分别是树木与部分管道线的绿化间距要求。

表8-1　树木与架空线路的间距要求　　　　　　　　　　　　　　（单位:m）

架空线名称	树木枝条与架空线的水平距离	树木枝条与架空线的垂直距离	架空线名称	树木枝条与架空线的水平距离	树木枝条与架空线的垂直距离
1 kV 以下电力线	1	1	150～220 kV 电力线	5	5
1～20 kV 电力线	3	3	电信明线	2	2
35～110 kV 电力线	4	4	电信架空线	0.5	0.5

表8-2　树木基干中心与地上杆柱中心的间距要求　　　　　　　　（单位:m）

杆柱名称	乔木	灌木	杆柱名称	乔木	灌木
电视、电话、宽带电杆	2	1	路弯电灯杆	4	1
无轨电车电杆	2	1	高压电力杆	5	2
普通电灯电杆	2	1			

表8-3　树木基干中心与地下管线探井边缘最小水平距离要求　　　（单位:m）

管线探井名称	乔、灌木	管线探井名称	乔、灌木
电力、电信井	2～3	消防栓井	2
自来水闸井	1.5	煤气管井	2
污水、雨水井	1.5	热力管探井	3

表8-4　树木基干中心与建筑、构筑物水平间距要求　　　　　　　（单位:m）

建筑、构筑物名称	乔木	灌木	建筑、构筑物名称	乔木	灌木
道牙	0.5	1	桥头	6	
排水明沟	0.5～1	1	涵洞	3	
平房	2	2	邮筒、路牌、停车标志	1.2	1.2
楼房	4～5	4	警亭	3	2
围墙	1.5	2	测量水准点	2	1
铁路中心线	8	4			

表8-5　树木基干中心与地下管线外缘最小水平间距要求　　　　（单位:m）

地下管线名称	乔木	灌木、绿地	地下管线名称	乔木	灌木、绿地
直流电缆	1.5	1	下水管道	1.5	1
管道电缆	1.5	1	煤气管道	2	1.5
上水管道	1	0.5	热力管道	2	1.5

1. 种植带式

从有利于植物生长角度来看,人行道有足够的宽度,都是采用带状形式种植行道树和其他花木或铺设草皮的。

朝鲜平壤市一直被国际上称为花园城市,除有大面积的公共绿地和风景区外,还规定在主干道两侧各有20 m宽的行道树种植带,栽种乔木、灌木、花木或草皮,沿街建筑物阳台上不准堆放杂物、晾晒衣物,只能摆设盆花。由于种植带较宽,植物材料丰富,景观多彩,因而提高了城市造景的效果,同时具有隔音、防尘、减震的良好作用。绿化带还可供人们游憩,特别是减少了儿童闯入车行道路的可能,有利于行人和车辆的安全(见图8-3)。

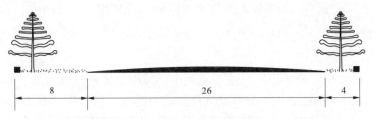

图8-3　朝鲜平壤千里马大街人行道绿化带设计　（单位:m）

交通量大的主干道两旁的种植带宽度一般不应该小于5 m,即使用地困难的情况下,最少也不得窄于1.5 m,否则就不利于行道树的生长了。

我国有些城市,在人行道(车行道边缘至建筑物红线之间的绿化地带称"人行道绿化带")中间增设一条行道树种植带,靠近建筑物的一条供人们进出商店使用,如北京西长安街的东单到王府井路北段(见图8-4)。

种植带里栽植各种树木的距离:两侧栽种灌木离路缘石的距离不能小于0.5 m,离行道树的距离不能小于0.4 m;配植在人行道一侧的距离,离人行道边缘不小于0.4 m,行道树的栽植距离,离车行道缘石不小于1 m。

行道树株距要根据各种树种成年树的冠幅大小、郁闭效果而定,通常采用5～8 m的株距。悬铃木、香樟的株距一般为8～10 m,但刚种上的树苗,中间尚可插种其他临时性速生树种,到树冠影响永久性树种时,再伐去临时性树种,采用远近结合、快慢结合的种植形式,可提早见效。

行道树分枝点的高度,应该视道路的功能要求和树木的分枝习性来定。从卫生防护意义上来说,树冠越大防护功能也越高,分枝点越低。在车辆稀少、以行人为主的街道上,分枝点定在2.5 m左右。在主要交通干线上的行道树的分枝点,高度要提高以3～3.5 m为宜,否则会影响行车的有效宽度。树干特性笔直生长的树种,如钻天杨、毛白杨、水杉等

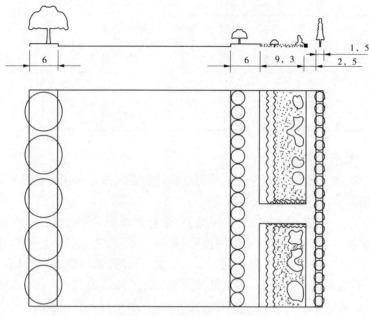

图 8-4　北京西长安街路北人行道绿化带设计　（单位:m）

分枝点适当降低也不会影响车行道的使用效率。

2. 树台式

行人多、人行道又窄的街道,经常将栽树范围的周边比人行道高 8 ~ 10 cm,避免行人踩踏栽树区土壤而变硬,影响水分和空气的渗透与流通。树台形式有正方形、圆形、长方形、六边形、八边形等式样。树台式由于面积有限,不仅会影响树木正常生长,而且增加铺装费用,因此街道上应尽量采用种植带式较好。

3. 行道树的选择

由于街道从光照、通风、土壤条件等方面远远不能与生长在大自然条件下的树木相比拟,再加上街道上的建筑、路面形成的特殊环境,辐射热度大,空气干燥,烟尘量大,有害气体多,人为损伤大,并上有电线、下有管道,无不影响和制约着树木的正常生长与发育,因此应选择体形端正、冠大优美,能适应这种环境条件生长的树种。

1) 选择行道树的条件

选择行道树的条件有以下几点:

(1) 具有抗病、抗虫害、抗污染能力,适应性强、生长旺盛;

(2) 树干通直、姿态优美、冠大荫浓、叶色富于变化、花朵艳丽芳香;

(3) 春季早发芽,秋季迟落叶,开花结果无臭味,不招惹蚊、蝇,无飞絮,干枝无刺,落花落果不影响和沾污行人及造成滑车跌伤等事故;

(4) 树龄长,耐修剪,根深,根茎少萌蘖。

2) 重要的行道树种

重要的行道树种一般有以下两类:

(1) 落叶类:如法国梧桐、梓树、糙叶树、七叶树、柳树(垂柳、馒头柳、大叶柳)、毛白

杨、钻天杨、喜树、重阳木、鹅掌楸、银杏、长山核桃、胡桃、珊瑚朴(又名棠壳子树)、臭椿、刺槐、枫杨、三角枫、榔榆、白榆、榉树、朴树等。

（2）常绿类：如广玉兰、香樟、雪松、女贞、紫楠、青岗栎、苦槠、天竺桂、湿地松、火炬松等。

（三）交叉口、中心岛和分隔岛(带)绿化

城市道路交叉口是交通的咽喉，车来人往最为频繁。交叉口的绿化包括交叉口道路中央的中心岛、方向岛的绿化。为了保证交叉口的安全，必须使司机能及时看到相交道路上车辆的行驶情况和交通管制信号，在视距三角内的行道树株距要在6 m以上，树干的分枝点在3 m以上，胸径在0.4 m以内，这样司机可通过树间空隙看到交叉口附近的车辆行驶情况。布置灌木草花的，植株高度不得超过0.7 m，否则有碍视线。

位于交叉口中央的中心岛，是用来组织环形交通线的，其外形根据道路交叉情况而定，"T"字形和"Y"字形以及复合交叉口的中心岛多采用椭圆或圆形(见图8-5)。

图8-5　道路中心岛

中心岛的绿化布置形式，常栽花卉或用草皮镶边及用常绿灌木绿化。植物材料草本如书带草、葱兰、花酢浆、高丽芝草，灌木如雀叶黄杨、金心黄杨、银边黄杨、六月雪、十大功劳、罗汉松、矮形龙柏等。岛中央多呈花台布置，或用常绿花木配置成造景优美的景观。切忌充实整个中心岛地，这样既不符合交通功能要求，又难以取得良好的艺术效果。

方向岛是用以指引行车方向，约束行车，使车辆减速转弯，保证行驶安全的。方向岛上的绿化，通常以铺草皮为主，面积稍大的三角形周边上可种植低矮的绿篱。为了强调主要车道，选用尖塔形或圆锥形的常绿树加以突出，而朝向次要道路的角端上选用球形树冠树种以示区别。

目前，我国大、中城市道路交通存在的问题是快车、慢车、行人混流，相互干扰，导致降低车速或造成交通事故，所以有的城市已经在车行道上设置绿化分隔岛(带)，使人、车分流，以利快速、安全(见图8-6)。

绿化分隔岛(带)宽度多采用1.5~5 m，高出车行道路面10~15 cm，上面种植高度不超过0.7 m的花卉或灌木，一般分枝点高的乔木，不影响驾驶员和行人视线，也可栽种乔木。通常用在较宽的分隔带上(见图8-7~图8-11)。

分隔岛(带)的分段长度除高速干道外，以50~70 m为宜，分段处尽量与人行横道斑

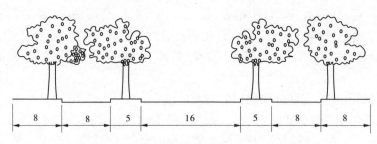

图 8-6　长春市斯大林街南段　（单位：m）

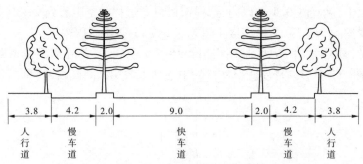

图 8-7　日本名古屋市津岛线分车带（银杏：50 年生）

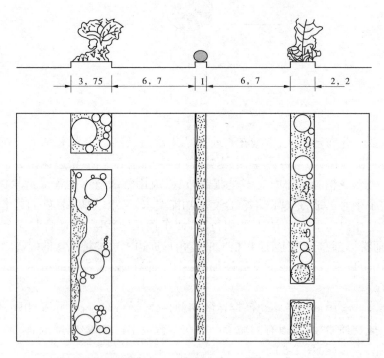

图 8-8　日本大泉城市规划路放射 7 号线　（单位：m）

马线和公共建筑出入口相结合（见图 8-12）。

　　安全岛绿化：安全岛是行车道过宽，为行人过街避车辆之用，目的是保证行人安全过街，故称安全岛，其上一般种植草皮（见图 8-13）。

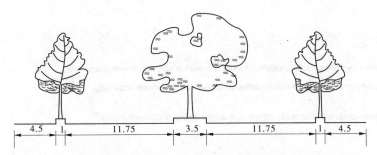

图 8-9 日本秋田县秋田停车场中央分车带（落叶乔木榉树）（单位:m）

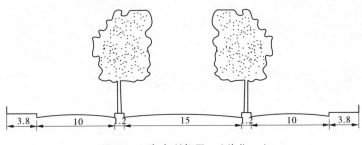

图 8-10 意大利都灵（单位:m）

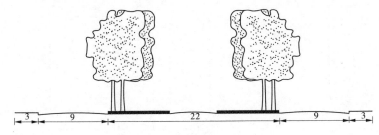

图 8-11 意大利米兰（单位:m）

（四）街旁绿化

街旁绿化是指沿街建筑和红线之间的绿化地带（见图 8-14），可为居民创造安静、舒适、卫生、优美的环境。街旁绿地只有在宽度达 5 m 以上、人行道宽度不小于 3 m 时才能种植乔木与行道树及其他花木布置成林荫小径。

在公共建筑物前的街旁绿地，可根据实际情况设置花坛（花台）、树坛（树台）或小建筑组景，但要方便行人进出商店或接近陈列橱窗。街旁绿化其他色彩要鲜明，造型应该轻巧，平面构图应该活泼自然，与周围环境要相协调，必须精心设计，这对形成花园城市的面貌具有关键作用。

二、游憩林荫道

游憩林荫道是属于特殊绿化的道路，如杭州西湖的白堤、苏堤（见图 8-15），其作用是为人们提供散步和休息的场所。在城市建筑密集、绿地缺少的情况下，可以弥补城市绿地分布不均的缺陷。在风景区，游憩林荫道是不可缺少的组成部分。

城市园林绿化规划设计

111

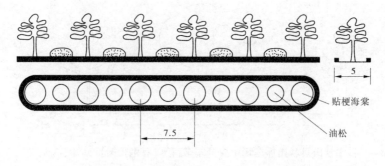

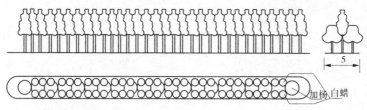

图8-12　北京三里河南段分车绿化带设计(分隔岛的分段长为45 m)　（单位:m）

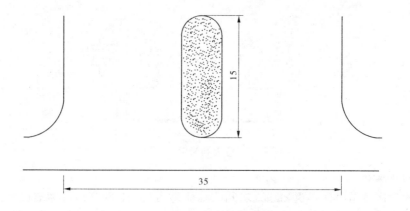

图8-13　安全岛绿化　（单位:m）

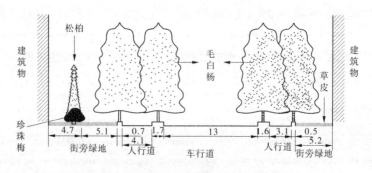

图8-14　北京日坛路街旁绿化　（单位:m）

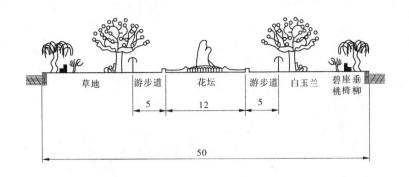

草地	游步道	花坛	游步道	白玉兰	碧座垂桃椅柳
	5	12	5		

50

图8-15　杭州西湖苏堤设计图　（单位:m）

（一）游憩林荫道的规划设计类型与形式

1.游憩林荫道的规划设计类型

依据游憩林荫道规划布置的位置可分为以下三种类型：

（1）布置在道路中轴线上的游憩林荫道。这种游憩林荫道可供两侧居民进入休息，能有效地组织车流。但行人和居民穿越车行道，既影响交通又不利安全，只有在步行为主和车流量很少的街道上布置才适宜。

（2）布置在道路一侧的游憩林荫道。这种游憩林荫道(包括滨水路)往往代替了普通类型的人行道,如上海外滩、杭州湖滨。有山有水的地形,如道路依山傍水、地形起伏,则应充分利用地势进行绿化以达风景秀丽的效果,如青岛滨海绿带、北京滨河路（见图8-16）、哈尔滨斯大林公园滨河路(见图8-17)等。

（3）布置在道路两侧的游憩林荫道。这种游憩林荫道是最理想的形式,但常因城市绿地紧张,缺乏足够宽度一般难以实现。朝鲜平壤市道路两侧的游憩林荫道宽达30多米(见图8-3)就是世界上不多见的典型。

2.游憩林荫道的规划设计形式

游憩林荫道的规化设计形式取决于街道的性质、景观的要求,以及它本身用地的宽度等因素,一般也有以下三种形式：

（1）简式游憩林荫道。最小宽度8 m,外缘部分用单行乔木和灌木丛或绿篱围成,其中游步至少宽3 m,道旁设置休息椅,形式简单朴实。

（2）复式游憩林荫道。宽度在20 m以上,其中可设置两条游步道,游步道旁可设置宣传栏、座椅、园灯等,通常布置较为华丽。

（3）游园式林荫道。宽度在40 m以上,其中布置花坛、草地、喷泉、雕塑、花架、小型广场及体型优美的小卖部等,艺术性要求较高,植物品种选择多样,构图丰富多彩,如杭州西湖苏堤(见图8-15)。

（二）游憩林荫道的设计要点

（1）根据不同性质和功能要求规划,如居住区内的游憩林荫道宜根据老人、青少年和儿童需要,适当布置些活动场所。风景区滨水游憩林荫道,造景时必须根据景区的功能要求。

（2）要把游憩林荫道作为景点成带状分布的绿地来规划,依景观功能进行分段分点,

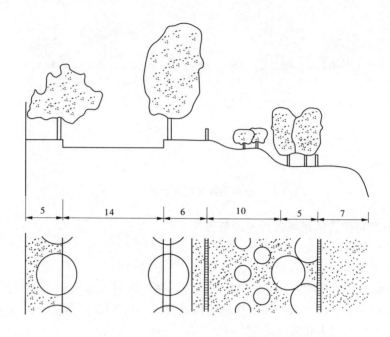

图 8-16　北京滨河路绿化 （单位：m）

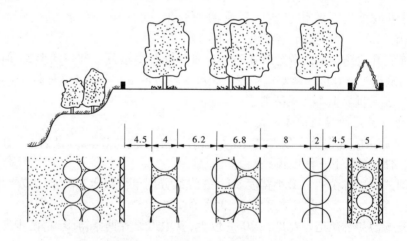

图 8-17　哈尔滨斯大林公园滨河路 （单位：m）

但分段不宜过多,长度以 75～100 m 为宜。各段应该在统一的前提下取得变化,形成不同的景区特色。分点为提供较多人流需要,往往设计成各有特色的绿化小广场。要分析风景视线,运用借景、漏景、框景等组织手法,将城市中具有较高艺术价值的街景、自然风景组织到游憩林荫道和城市滨水游憩林荫道中来。

(3)休息和儿童活动地段常安排在分段的中间部分,以利清静安全,宽度大的林荫道可布置在两侧,但要与车行道有适当距离。

(4)植物的配置,在南方以遮阴为主,北方要兼顾冬季取得阳光的要求。林荫道两侧

应该用浓密的乔灌木形成绿色屏障作隔离,确保内部的安静与卫生。在车行道一侧应以卫生防护为主,靠人行道和游步道一侧要考虑观赏功能。

三、公路、铁路和高速干道绿化

(一)公路绿化

公路绿化的目的是美化、防风、防尘及防雪的袭击,同时在夏季满足行人遮阴的要求。公路绿化要尽可能与农田防护林以及护渠、护堤林和郊区的卫生防护林相结合。

公路绿化应该根据公路等级、宽度、路面材料等因素来确定树木的种植位置及绿化带的宽度,在路基窄(不足9 m)、交通繁忙的地段,为保证有效的路基宽度,便于行车,行道树应该在边沟之外,但距离沟外缘不得小于0.5 m。路基较宽(9 m以上)时,行道树可以种植在路肩上,距边沟也不应该小于0.5 m。在公路的交叉口处,应该留有足够的视距,距离桥梁、涵洞构筑物5 m以内不能种树。

下坡转弯地带外侧种植乔木,不仅可以增加驾驶员的安全感,还可以起到诱导视线的作用。转弯内侧只能种植低矮的灌木,以利司机察看来车。

选择公路树种,两旁是生产用地的,树冠就不宜过大,公路面不太宽的树种可选高耸直立、冠小、根深的,以免与作物争光夺肥,如水杉、美国白杨等。

(二)铁路绿化

铁路绿化既具有公路绿化的功效,又有保护路基的作用,两侧栽种乔木与铁路距离不小于10 m,灌木不可小于6 m,种植形式一般为内灌木外乔木。如果可眺望风景优美的山水名胜古迹,则不要种植乔木以免遮挡视线,但可种植花卉草皮。铁路转弯地段,曲线内侧有妨碍视线的地段内也不宜栽植乔木,但可栽植灌木。当铁路通过市区的两旁,应该留有足够的空地,种植安全防护带和防声林带。

(三)高速干道绿化

高速干道一般是市际远程交通性道路,为确保行车快速,应该放长交叉口间的距离,相交道口一般用立体交叉。通过市区时最好是高架桥或地下通道。

高速干道的绿化,除了中间设有绿化分车带外,两侧要营造安全防护林。

分车带宽度一般为5~20 m(美国强制性采用11 m),用地紧张地区也不应该小于5 m。分车带只种草皮,不种植乔木,以免冬季落叶飞进来有碍驾驶员视线。

两侧安全防护林带宽度,日本采用20~30 m,美国为45~100 m,而且要求绿化种植的树种要有变化,以减轻司机的精神疲劳。

四、防护林带

防护林带是具有多种功能的带状绿地,其设计和布局要根据不同功能要求来进行。

(一)防风林

防风林主要用来防强风,尤其是要防强风夹带的灰、沙对城市的袭击。在经常遭受风沙袭击的地区以及沿海城市外围必须建立防风林。在规划布局防风林时,必须了解当地的风向规律,确定对城市危害最大的风向,在城市边界外围建立与盛风方向相互垂直的防风林带。

单纯一条防护林带是起不到防护效果的,要根据风力大小决定林带结构和设置数目。一般林带的组合有三带制、四带制、五带制。每条林带宽度不小于 10 m,离市区越近,林带宽度要越大,而林带间距要越小。林带降低风速的有效距离为林带高度(15～30 m)的20 倍左右,故林带与林带之间的距离为 300～600 m。每隔 800～1 000 m 就要营造一条与主体林带相互垂直的副林带,其宽度不小于 5 m,以免阻挡从侧面吹来的风。

林带的结构形式分为透风林、半透风林和不透风林三种,不透风林由常绿乔木、落叶乔木和灌木混合组成,防护效果大,一般可降低风速 70% 左右。半透风林只在靠近林带边缘两侧种植灌木,中间一律用乔木。透风林则是由枝叶稀疏的乔木、灌木组成的,或只用乔木(见图 8-18)。

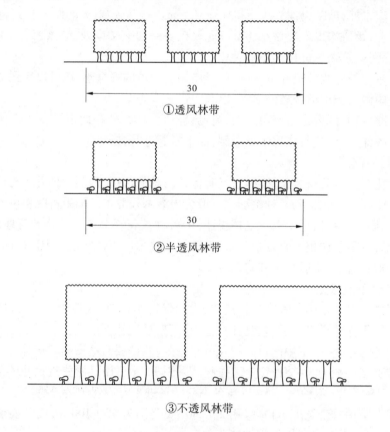

图 8-18　防护林带结构示意图 　(单位:m)

林带树种要选用深根性或侧根发达的树种,株距依树冠大小而定,一般初期采用 2～3 m,待长大时再间伐移植。

防风林带的组合,常在外层建立透风林,面向居住区的内层采用不透风林带,中间部分采用半透风结构。由透风结构到半透风结构,直到不透风结构,这一完整的组合一般可以起到良好的防风效果,可使风速减到最小程度。

改善城市风力不只限于郊区外围设立防风林带,还可结合市区内外各种类型的绿化带来降低风速。但是街道的布置如果和不良盛风方向平行的时候,往往会形成有力的穿

堂风,当这些气流与障碍物相遇还会形成旋风,使风速加大。因此,必须布置折风绿地来改变风向,削弱气流。相反,在夏季高温酷热的城市里,可设置与夏季风向平行的绿化带,将郊区、森林公园、自然风景区或开阔水面的新鲜、湿润、凉爽的空气引到市中心来(这方面武汉市做得比较好,据2004年资料,武汉素有火炉城之称,然而武汉市气象局专家们的最新研究成果表明:近10年来,武汉市夏季的高温强度明显比不上华北、华东两大高温集中区,全国的年度高温极值也不在武汉。如2003年夏季武汉遭遇百年高温,39.6℃的最高气温打破武汉50年的纪录,连续12天气温超过37℃则打破近百年纪录,但这样的温度却算不上全国最高。去年夏季,中国的高温中心在华东,浙江丽水高温极值达到43.2℃,福建龙溪达42.4℃,江西修水为42.1℃。就连续高温强度而言,武汉也比浙江、福建、江西、上海相差甚远。去年,这些地区连续多天气温超过40℃,其中浙江丽水12天,福建南平7天,福建建瓯6天。武汉市仅出现了1天39℃以上的高温天气。气象专家们据此认为,"火炉城"已经名不副实,武汉不再是全国的高温中心)。

防风林树种选择要求采用深根性的,如赤松、黑松、马尾松、湿地松、火炬松、槲树、榆树、糙叶树等。当地直播的实生苗不一定移栽,也可作防风林树种。强韧性的竹也是较好的防风林树种。较适合于浙江的防风林树种,落叶类的有枫杨、麻栗、榉树、三角枫、枫香、银杏、糙叶树、珊瑚朴等,常绿类的有香樟、苦槠(楝)、湿地松等。

(二)盐碱土区域防护林

为改良土壤、固沙护岸及防风,常在海涂盐碱土区域栽植防护林带。耐碱植物有杨柳类、桑树、葛藤、紫穗槐、胡枝子、柽柳、芨芨草(多年生草本)等。适于轻微碱性土的树木有大叶槭、臭椿、合欢、樟树、桉树类、栎树、紫薇、美国皂荚、楝树、法国梧桐、刺槐、侧柏、榆类、棕榈等。

(三)固堤、护岸、涵水防护林

目前中国水电事业发展很快,建成的各种大中型水库形成了有山有水的自然景区,如浙江中部新安江的千岛湖是世界第一的人工湖,中外游客很多;浙江南部紧水滩的云和湖已经被杭州宋城集团成功开发为4A级旅游度假区;浙江南部青田的千峡湖也正在规划建设之中。这些大中型水库以及自然形成的湖泊溪流,都需要固堤、护岸、涵水,水源四周必须营造各种保护林。保护林的建设能够使水质澄清,山清水秀,风景宜人。对这类防护林,树种的选择要求根深、叶茂、耐湿和色形美观的植物,如水杉、池杉、湿地松、香樟、乌桕、枫香,还有草本的芦竹、白银芦、金针菜等。

第二节 居住区绿地

居住区是城市居民日常生活的境域,人们一生中的绝大部分时间都在这里度过,因此要重视城市居住区的环境质量。在这个问题上,绿化就占有很重要的地位。

居住区绿地能遮阴、美化环境、丰富建筑空间,创造景色宜人的生活环境。在住宅间种植树木能减轻噪声的干扰。有碍环境卫生的地方,也可利用绿化来围护隔离。

居住区绿地在城市园林绿地系统中分布最广,是普遍绿化的重要方向,至于县城和集镇则居住区绿地更为重要。根据中国一些城市居住区绿化的情况及住宅区总体规划布局

组成部分来看,大致可分为居住区游园绿地、小区游园绿地、居住区道路绿地、专用地段绿地(幼儿园、中小学、公共福利设施等,将另列专节论述)、宅旁绿地及防护性绿地等。

一、居住区游园

居住区游园一般位于居住区中心,是该居住区居民公共使用的绿地。主要为青少年和成年人的日常休息、锻炼、游戏、阅读创造一个良好的户外环境。在场地比较宽裕的情况下,可以放映电影、开展文娱演出,并开辟各种球场供青少年进行体育活动。游园在内容上虽不能与市、区级公园相比,但也必须设置各种休息设施,并采取艺术布局,构成美丽而变化的园林景观,游园规模要与居住区规模相适应,一般以 0.5~3 hm² 为宜。为保证各种活动不受相互的干扰,可以参照市、区级公园规划的办法。但限于面积,分区不宜过细,基本上利用地形平坦的地段,把活动量大的、会产生一定声响的内容组织在一起;而另一部分则可布置得宁静幽雅,尽量利用地形变化起伏。有一定水域的地段,因地制宜配置树丛、草坪、花卉,开辟出曲折小径,设置座椅和花架、亭廊,以供人们安静地休息。两区之间用绿篱隔离开来。在面积较小的情况下,游园可以采取规则式布局,各项内容要安排得非常紧凑,以便节约土地。

居住区中心往往也是居民公共活动的中心,文化馆、俱乐部以及供应日常用品的商店和服务性行业的本身也需要一定的绿化环境。因此,游园的设置可以和这些活动中心结合起来,这样不仅衬托了整个居住区的建筑艺术,而且把居民的日常生活和游憩活动组织在一起,便于更有效地利用时间安排生活,并增进邻里之间的社会交往。在二者结合中,可以考虑把某些公共建筑组织到游园中去。譬如文化宫、俱乐部可以和安静区结合起来,不仅为各项活动项目提供相应的环境,而且从整个居住区中心来说更加优美和富有生气。

紧邻市、区级公园的居住区,公园内容可以代替居住区游园的部分功能。在居住区用地紧张的情况下,游园建设也往往会受到忽视,但从居住区的独立性和完整性来说,游园的设置仍然是很必要的,只是面积可以小一些,但在往返中横穿车行道对儿童和老年人来说是一种不便,并带有一定的危险性。再者,在居住区中需要一个绿色中心,这个绿色中心对居民的生理、心理都是有益的,用一句话来说就是"有益身心健康"。另外,在防灾避震问题上,开阔的场地更可以起到"安全岛"的作用,这在每一次地震当中都得到了应验。

二、小区游园

比较大的居住区(比如北京的通穗园,有 10 万多户居民),除在中心布置一个居住区游园外,常在居住区各个较集中的住宅群散置一些规模较小的游园,面积仅为 0.1~0.2 hm²,小小的小区游园,却往往能够解决很多问题,除了能提供该住宅群居民就近游憩外,尤其是对学龄儿童活动很是方便,儿童的健康成长除在学校学习课程外,不可忽视户外的有益活动,以便锻炼勇气、耐力和体格,培养良好的社会品德和开朗的性格。小区游园的设施首先要满足儿童的活动要求,设置攀爬架、平衡木、戏水池、障碍游戏及沙池等。游戏器械要尺度恰当,外形美观,色彩鲜艳,造成生动活泼的气氛。场地外围要栽植高篱,场地内要种植高大乔木,重点设置花坛。场地除草坪外要有部分的铺装地面,以供儿童盖房子、踢毽子、跳橡皮筋等活动。儿童们具有喜爱新奇的心理和乐于各处窜游的特性,因此

小区中各种居住组群的游园布置应该各具特色,避免雷同。

小区游园对成年人来说也是不可或缺的,因为它比居住区游园更近也更方便,无论对体力或脑力劳动者来说,回到居住区在集中的绿化环境里休息都可以消除疲劳,老年人清晨参加保健锻炼,打打太极、练练武术,以及闲暇时闲坐、聊天、奕棋、看书报等活动,也是乐于在这与住宅相近的小区游园里进行的。因此,在有条件的情况下,住宅组群的小区游园应该尽量安排得大一些,在设施上着重增添一些桌椅板凳。

青年人的活动量大、产生的噪声大,同时限于面积,一般不宜在小区内安排他们的内容。

常州市清潭居住区除中心部分的居住区游园外,还设置有面积 0.3 hm² 左右的住宅组群的小区游园 8 个,着重应用园林植物布置为梅、兰、竹、菊和春、夏、秋、冬各具特色的园林,并设置休息座椅、儿童玩具、雕塑、花架等,既供人们游憩又美化环境。

三、宅旁绿地

宅旁绿地包括住宅四周以及住宅建筑之间的绿地,与居民日常生活的关系最直接、最密切。宅旁绿地不仅丰富住宅周围的大自然素质,增加美丽的外貌和色彩,阻隔噪声、灰尘和外界的视线,缓和强烈的光照,使生活环境更加安静、清洁和优美,而且它是住宅的向外延续,扩大了居民的生活空间。家务中的洗晒衣物、儿童们学习和游戏、成年人栽花种草、小憩清闲和炎夏纳凉也都离不开宅旁绿地。

庭院式建筑中的庭院绿地,可根据住户的要求和喜爱进行布置。但公寓式成行列或周边式的建筑则要求绿地布局的整体性。底层住户的前庭、后院也可在整体布局的前提下,结合住户的兴趣和爱好加以绿化点缀。一般前庭树木要稀疏,后院树木可浓密些。

幼儿和学龄前儿童,因为年幼体弱、胆小,有强烈依恋父母长辈的心理,所以室外活动不得过远,一般安排在住宅近旁,幼儿在就近熟悉的环境里玩耍,家长在室内从事家务的同时,可以通过窗口照管孩子。在宅旁场地上可以设置沙池、低攀爬架和小型滑梯等少量设备,地面加以铺装和铺设草皮。场地上适当栽植庇荫的大乔木,边缘配植一些绿篱和花灌木。注意勿栽植带刺和容易致使儿童皮肤过敏的鸢尾、凌霄、月季、玫瑰、漆树等植物。

为了便于照顾幼儿,宅旁绿地也应该考虑供成年人的休息设施。欲使宅旁绿地能供儿童和成年人游憩收到较好的效果,必须保证场地有不小于 20 m 的宽度,根据建筑间距为高度的 1.3 倍关系,一般 5 层以上的住宅建筑地段可以开辟这样的场地。在空间较窄的情况下,只能行列式栽植数排树木,其间简单设置一些儿童游戏器械、沙池和休息座椅。

幼儿游戏场除设置在前后两幢建筑之间外,也可利用隙地或与学龄儿童游戏场一起设置在住宅组群的游憩场所里。至于周边式居住建筑群中心地段,可以比较集中地设置儿童和成年人的游憩场地。

由北面进入的居住建筑,底层住宅可向南开门,并享有一个绿色前庭。在前后两幢建筑之间通道北侧的地段,可划分为两个部分:即集体绿化部分和底层住宅的前庭部分。这种布局即使前庭的面积不大,但却很受住户的欢迎,因为前庭弥补了底层住户缺少阳台的不足。前庭的范围往往根据各住户南向开间而定,各户前庭之间用栏杆、篱笆灌木隔开,前庭中随户主的喜爱种植树木和花卉。

底层住户由南面出入的居住建筑,前庭也是住户出入的必经之道,从居住建筑的整体空间来说,各前庭的布置可在取得协调统一的原则下,允许各住户因自己的喜爱而有所变化,以便形成各自的独立范围,在各户相邻的窗口之间,可用栏杆或灌木加以隔开。

前庭的绿化除与地下管道、上空电线保持一定距离外,还应该注意:①不影响窗口(包括楼层窗口)的通风和采光;②乔木树冠不能触及墙体;③不因落叶而阻塞排水沟渠。

居住建筑的北侧,除在春、秋分之间早晚一定时间内可以照射到阳光外,常年是背阴区,因此一般栽植耐阴树种。

居住建筑东西两侧,主要应该解决炎热夏天的东西晒问题。如果用高耸型的树种遮挡阳光对窗口或墙面的直射,可以降低室内的炎热气温。

夏季东西晒导致室内高温最主要的时间是上午8时到10时和下午2时到4时。为使树木发挥最大的降温效益,北方和中部城市应该把树木栽植在需要遮阴位置或接近的相对部位。根据城市不同纬度,具体的栽植位置应该考虑:哈尔滨地区栽植在东西向偏南17°左右;郑州地区栽植在偏南7°左右;上海、杭州地区栽植在偏南2°左右;广州地区栽植在偏北1°左右;北海地区栽植在偏北3°左右;三亚地区栽植在偏北5°左右;三沙市区永兴岛栽植在偏北9°左右。在实际配植树木时,可与墙体保持一定间距,以上述位置为中心成行栽植数株乔木,使整个建筑的东西墙体得到庇荫。

居住小区中不可疏忽设置垃圾箱,其位置要求既方便居民倾倒垃圾,又便于垃圾清运,同时还要考虑适当隐蔽。一般倾倒垃圾不宜超过80 m距离,设置位置应该在与居室不宜近于10 m并有车道直接联系的地方,以便垃圾车收集清运。垃圾箱外围用常绿树绿化遮蔽起来。晒衣场地也是户外空间不可缺少的项目,应该选择阳光充足、容易照管的地方,可以设置在前后两幢建筑之间场地的一侧,也可以放在较宽阔的东西墙头边。场地的南侧不宜栽植过密的树木,以保证日照和通风。场地地面可以种植草皮或作透水砖地铺设。

高层居住建筑,由于住户较多,在建筑前后要保留较宽的交通路面。前后两幢建筑之间的绿化以灌木和草皮为主,不宜栽植过于密集的高大乔木,否则影响日照和通风。在布局上除考虑平面、立面效果外,还应该注意楼层住户俯视的艺术效果。临街的高层建筑,绿化场地的临街部分可用花墙把它隔开,形成比较安静的独立环境,并适当布置一些花坛来陪衬街景。

城市郊区、农村传统采用单户独院、双户并院或房院毗连等多种形式,院落中安排猪圈、鸡棚、柴垛、仓库、瓜棚、厕所等,北方地区还需要设有菜窖。此外,根据院落大小可种植一些果树,并留出少量菜地。

四、居住区道路绿化

居住区道路有主要道路和次要道路,对其进行绿化将大大改善整个住宅区的绿化面貌。居住区内道路的绿化应该考虑行人和行车的遮阴要求,但又不能影响行车的畅通和路灯的照明。中国居住区道路一般是人、车混用,以人为主,所以路面普遍较窄,一般在3~6 m,并在道路旁边设置路灯,因此栽植绿荫树木应该在道路两侧离路灯的灯杆近于2 m的地方,树木宜选用小乔木,采取行列式栽植,以形成和谐相称的绿色道路。在绿荫树

与道路之间,可适当配植耐阴的花木或宿根性花卉,并安置座椅。有条件的地方,可从道路断面上考虑设置花境,以丰富道路的景观。

道路两侧的绿荫树最好不要选用一般城市道路的绿化树种,应选用开花或叶色富于变化的小乔木,使道路更为增色。此外,南方城市居住区道路的绿荫树可用常绿性树种,以便保持冬天的绿色面貌;北方城市对常绿树种的应用应该持慎重态度,防止入冬后道路仍然在葱郁树冠的覆盖下,得不到阳光的照射,以致形成积雪不化、寒气袭人的局面,通常只宜在南北向道路旁边适当栽植常绿树。

在居住区缺乏小区游园的情况下,道路往往成了儿童和青少年们游戏的地方,因此在可能的条件下,应该考虑适当加宽道路,并把建筑间的墙头隙地组合进来。

五、防护地的绿化

在住宅区周边与城市道路之间,常常规划有较宽的绿化带,这种绿化带主要是为了防护城市交通噪声和烟尘对小居住区的影响并作为将来城市道路扩建时的备用之地。这样的绿地以成行式种植为宜,可以与街道行列树相结合,但要考虑与城市街道设计的总体气氛的协调统一,并且互相配合,特别当街景需要作重点装饰或为突出建筑艺术景点需要配合时,绿化应该起烘托作用。例如上海闵行一条街道的绿化种植,在主要建筑的制高点,街心广场或商店霓虹灯的位置,都留有必要的空间,或者用植物作衬托使其突出,丰富了街道建筑艺术的面貌,这是在与周边相联系的绿地绿化时要给予重视的问题。

第三节　中小学及幼儿园绿地

一、幼儿园绿地

幼儿园是居住区中不可缺少的组成部分,一般设置在相对独立的地段,以便少受外界噪声、灰尘和有害气体的干扰和污染。

幼儿的活动场地包括室内、室外两个部分。室内按幼儿年龄分班设置相应的游戏器械和设施;室外的活动场地一般分别安排公共的和分班的活动场地。此外,还须开辟小菜园、小花圃、小果园、小动物饲养地和杂务用地。

(一)分班活动场地

分班活动场地大都利用建筑本身的分隔来形成,每个班利用南面独立的院落进行活动。一班一院式的专用场地不仅便于组织儿童户外活动,各班之间不相干扰,同时也有利于防止疾病的传染。

平房建筑,一般院落面积 130~200 m²,以每班 30 个儿童计算,平均每人合 5~6 m²。其中可安排 80~100 m² 的活动场地,设置沙池和适于该班儿童使用的户外大型玩具,如条件许可还可修建小型花架之类的遮阴设施。余下 50~100 m² 作绿化用地,尽可能多铺设一些草皮。

(二)公共活动场地

幼儿园除设分班活动场地外,还应该设置有公共活动场地,以适应全园集体活动和分班轮流进行较大活动量的游戏需要。在游戏场上可以设置浅水池和比较大型的玩具,如转椅、荡船、攀爬架、滑梯等,并适当布置小亭、藤架和座椅。全场应该有一块集中的铺装地和比较完整的草坪。各类游戏器械的近旁在不妨碍进行活动的原则下栽植大、小乔木,以形成完好的绿荫,在重点地段可以布置木本花卉和草花,以美化环境,培养儿童们的审美感。

公共游戏场每个儿童需要 3~4 m²。其中空场地 1~1.2 m²,玩具占地 0.5~0.8 m²,绿化用地 2 m²。

幼儿园若限于利用旧房或其他原因,也可仅设置公共场地,不勉强单独设置分班活动场地,但这样的幼儿园公共场地的面积还要适当加大或者严格控制入园的人数。

(三)小园地

在幼儿园的一隅,可以开辟小型菜园、果园、花圃和小动物园地,以灌输儿童的博物知识,培养孩子热爱劳动的习惯。小花圃培养的花卉应该选择色彩鲜艳不带针刺的品种。小菜园应该选择易于栽培的菜类,并不得施用粪便肥料。果园可选择栽植自花授粉、少有病害的果树。小动物园只宜饲养少量家禽以及羽色美丽、善鸣的鸟类和家兔等小动物。

在幼儿园外围除修筑墙垣、篱棚外,还应该种植乔木、灌木构成绿篱屏障,以保障环境的清洁和安静。园内的绿化材料忌用多刺、有毒和容易引起儿童皮肤过敏的种类。

托儿所的绿化,可参照幼儿园的布局,但不需要设置小菜园、小果园、小花圃、小动物园地和大型游戏器械。

二、中、小学绿地

学校是灌输科学文化知识、培养国家建设人才的场所。要通过绿化手段改善地区的小气候,美化环境,创造出学习和文体活动的良好环境,并为教学实习和劳动提供条件,使学生在德、智、体、美各方面得到全面发展。

(一)行政教学建筑范围和前校区

中、小学校的行政教学往往同设在一幢楼内,规模较大的学校也可能分别建设。为保证课堂的安静环境,发挥最大的教学效果,教学建筑区应该与街道或工厂、居住区等保持一定的距离,从校门至教学(行政)建筑之间形成较大进深和宽阔的校前区。

校前区是学生课外活动和放学集散的咽喉地区,因此要有相应宽阔的广场和道路,该区可以作为重点绿化地段。为衬托建筑的整体,园林布局也以规则式为好。在广场范围较大的情况下,中心可以设置喷水池或花坛,广场外围配植绿篱和乔木、灌木。如从校门至教学建筑之间为狭长地带,则可在两侧栽植大乔木,形成纵长的绿色通道,从客观上创造一个有利于学生由闹到静演变的良好环境。绿色通道两侧,可以铺设草坪和安排文体场地。

教学建筑南北两侧 5 m 范围内,应该栽植不超过窗台的常绿灌木,以保证课堂的采光,花木类只宜略作点缀,防止因大量花朵招致蜂、蝶等昆虫,影响学生专心听课。离教室南向 5 m 以外,北向 8 m 以外,可以栽植乔木。教室建筑的东西两侧,可栽植高耸式乔木,防止强烈的日晒(参考居住区绿地一节)。

行政建筑四周的绿化参照教学建筑。

（二）体育活动场地

体育活动场地应该设在离教学建筑远于 15 m 并不为课堂内学生视线所及的地方，以免场地上体育活动的声响干扰课堂内的教学。中等学校的体育活动场地应该有一套完整的田径和器械设备。一般小学则可根据用地大小来设置场地和设备。在用地较紧张的情况下，可以把各种场地结合起来（如篮球和排球等场地的结合；跳远和跳高场地的结合），或多开展一些需要场地不大的器械和体操、武术、乒乓球等项目锻炼的活动。活动场地的一侧边缘，尽可能开辟一条足以进行 50 m 短跑的跑道，在特殊情况下也可和校园中一般道路结合使用，但这种道路务必要平整，并且不采用硬质路面。

体育活动场地外围栽植大型乔木，形成浓郁的绿化环境，北侧可以适当配植灌木，以阻挡冬季寒风的侵袭。

中、小学校除集中的体育活动场地外，应该尽可能利用教学建筑近旁的空地开辟小型活动场地，供学生课间活动，调剂紧张的脑力劳动和松动四肢肌肉。这种小型活动场地应该着重良好的绿化布置，并铺设草皮。

（三）自然科学园地

为配合课堂教学内容，使学生们获得理论联系实际的科学知识，中、小学校园内选择适当地点开辟自然科学园地，其中包括气象天文观测设备用地，植物标本园、温室和小动物饲养场地等。园地要土地平坦、排水性良好，阳光充足、接近水源，外围栽植灌木绿篱或设置栏栅。

（四）室外读书园地

学校中学生的读书学习，不但只局限于在课堂听讲，还应该为学生创造良好的室外朗读、复习的场所。在自然空间里，空气清新、环境优美，可以提高朗读、复习的效果，因此要在校内尽量多地开辟这类园地，尤其是地形富有起伏变化的地段，可以结合自然条件因地制宜地应用乔木、灌木组织植物群落，并构成大小不等的静谧的绿色空间，其间设置座椅或利用自然石块供学生坐歇读书，有条件的还可以布置休息亭廊。

第四节　医院绿地

医疗机构旨在为居民预防和诊治疾病，恢复和保持良好的健康状况，其所处的境域对环境质量有着较高的要求。一个建筑设备完善、医疗技术先进的医院，有了良好的绿化相配合，才能发挥最佳的医疗效果。绿化的主要作用在于：①应用绿化植物达到医院与外界以及医院各区之间的分隔作用，减少外来的干扰和不良影响；②通过绿化，可以防止尘埃、吸附毒素、隔离噪声、消灭细菌、制造氧气，创造安静、清洁的医疗和休息环境；③借树木花草类美化环境，对病人能产生良好的精神影响，促进早日康复；④创造室外辅助治疗（如日光浴、体操、散步活动等）的优良条件；⑤结合绿化种植药用植物，以补充医药的需用。

医疗机构一般分综合性的和专业性的两种，对环境绿化要求都有较大的比重，务必保持 50% 以上的绿化面积。传染病医院病房之间，需要利用较宽阔的绿化带来防护隔离，应该有更大比重的绿化用地，并以选用具有较强杀菌力的树种配植为佳。

从医院总体来说，不论综合性医院或专业性医院，除各建筑之间的绿化间隙外，都需

要有一个完整的大片绿地,这样就要求在总的用地上把门诊、辅助医院建筑、病房和行政总务建筑等进行合理的布局,不仅在相互关系上要符合医疗的程序,方便就诊、治疗、供应和管理,同时要结合绿化要求:①建筑布局力求紧凑,保证病房区具有完整的大片绿地;②避免建筑前后过于重叠,阻碍病人视线和防止相互干扰;③建筑、道路和绿化不要从构图形式出发过于严整和迂回曲折,以便造成使用中的不便;④根据不同需要保留各建筑之间的绿化间隔和屏障。

一、门诊部庭院绿化

门诊部是病人和陪伴病人的亲属汇集、候诊的场所。为了创造一个安静而卫生的室外环境供病人小憩,缓和病人的焦急心情,门诊部建筑不应该紧邻街道,必须较大幅度地后退建筑红线,利用其间开阔的场地布置一个有花、有草、有树、有游憩设备的门诊前庭,有条件的可进一步修筑藤架、亭廊供病人休息。在植物配置上,尽量使园容显得柔和轻快些,不要过多应用整形树木和生硬呆板的排列方法。在门诊部诊断室前的近距离范围,以栽植常绿灌木为宜,超过 5 m 的地段,可以栽植乔木,这样可以保证诊断室的日照和通风。

门诊部与行政管理机构可以结合在一幢楼内,但和病房医务性建筑之间要保持不少于 20 m 的距离,并要用乔木和绿篱隔离开来。

二、病房区绿化

病房区一般设在地势最优越、视野最开阔的地方,病房的南向应该有较大面积布置得比较优美的绿化场地。

植物的色调要给人以静谧、安详的感觉,优美的园林布置更加使人心旷神怡、精神焕发。这种精神上的作用对于病患者疾病的疗效和康复有着积极的意义。所以,对于病房四周环境的绿化美化,应该作为一种辅助治疗措施而引起高度重视。

病房南向绿化场地的园林布置,应该从两个方面加以考虑:一是满足病人置身园内散步、休息、做体操、晒日光浴等活动;二是把园林的美丽景观通过病房门窗传送给每个楼层的病房,使病人在病房内能观赏到庭园的美丽。因此,园林布置要把庭园本身的功能和楼层俯视效果结合起来。

在场地比较平坦的情况下,可以在中央布置由美丽的图案组成的花坛群,外围铺植草坪,栽植观赏树和绿荫树。花坛群之间用淡色土建材料(如鹅卵石、页状片石等)加以铺装并延伸为向外的通道。花坛中除适当配置常绿花灌木外,按季节栽植一、二年生草花或宿根花卉。绿化栽植的花灌木要注意季相特色,在不同季节,病人都能看到丰富而艳丽的色彩,给人一种蓬勃的具有生机和希望的感受。有条件的地方,可以用喷水池作为庭园核心,配合优美的花坛。草皮应该保持品种的纯洁和茂密平整。为适于病人日常作体操锻炼,可在适当地点设置一定面积的铺装地面。在庭园出入口或角隅,可修筑藤架和游憩长廊,不仅供病人坐憩,同时丰富庭园的景色。

病房前场地处于起伏变化的情况下,则宜采取自然式的布局。因地制宜,在低处设置水池,高处布置树木群落,平地铺设草坪,点缀宿根花卉和一、二年生草花,修筑蜿蜒曲折的散步小道。园的外围与总务性建筑之间,应该用比较稠密的高篱隔开。

病房区的绿化应该注意服务对象是病患者这一特点，一般庭园起伏不宜过大，铺筑道路要平缓，并尽可能不筑石阶，水池宜浅或在边缘设置栏杆，园内不适合布置突兀峥嵘的山石。

传染病房一般设在比较边远的位置，与一般病房之间要保持 30 m 以上的绿化隔离。病房区的绿化以广植灌木、尽量地铺设草坪形成葱郁的绿色环境为主，不强调花卉布置。

儿童医院病房区的绿化，必须考虑儿童的身体特点和兴趣。庭园里应该多布置一些花卉和各种树丛，绿篱要控制得比一般的低矮一些，座椅设备要适应儿童的尺度。园内也可设置浅水池，配合儿童喜爱的动物，如天鹅、青蛙、小鹿等形象的雕塑，修筑一些蘑菇形、伞形的亭子等。在植物材料配置上，要注意勿用有刺、有毒、能引起过敏症及种子绒絮飞扬的种类。

三、其他地段的绿化

手术室、放射科、理疗室、化验室、血库、中心供应室等组成一辅助医疗单元。辅助医疗建筑设在门诊与病房之间，或与门诊、病房平行建设，中间用走廊连起来。辅助医疗建筑的绿化以常绿树为主，以保证自然采光的稳定性，建筑要防止阳光的直射。因此，垂直于门诊、病房的南北走向的辅助医疗建筑，要注意应用乔木来防止太阳的东西晒（参考居住区一节）。一般乔木要栽植在离建筑 5 m 以外的地方，同时注意不要种植飘散绒毛花絮的植物种类，以免影响室内的正常采光和化验、X 光拍片等检查的质量和效果。

洗衣间、厨房、锅炉间等总务性建筑，一般设在下风位置的边缘部分。与病房、门诊、辅助医疗建筑之间，要有一定的绿化间隙。绿化应该选择对烟尘和二氧化硫等气体有一定抗性或吸附能力的树种。洗衣间和晒场不宜紧靠锅炉间，防止洗涤的物件受烟尘的污染，晒场的南侧不得栽植过密的树木，以免影响日照和通风。

太平间应该设置在医院的一隅，超过病人视线的地方，外围要用乔木、灌木加以隐蔽，并开设单独出入口通向院外。

医院在可能条件下，应该设置温室培养供庭园布置和室内装饰的花卉，并饲养用于试验的各种动物。温室、动物室可前后排列在一起，安排在全院的一侧，但与厨房、锅炉之间要保持一定的距离。温室前应该设置荫棚和花境，以摆置盆花和栽培露地花卉。在用地比较宽裕的情况下，可以培育一些常用的观赏药用植物，如牡丹、芍药、麦冬、丹参、菊花、枸杞等。

医院的全部用地，除建筑、道路、铺装地外，应该全部用园林植物覆盖。在绿化材料上尽量结合使用对环境保护尤其是灭菌作用有显著效果及具有药用价值的树种。外围种植稠密的乔木、灌木林带，形成绿色屏障。

工厂附设的医疗机构的绿化，原则上同于一般医疗机构。具有污染性的工厂附设的医疗机构应该设置在常年风向上风的位置，并注意选栽对有害物质具有抗性及吸收能力的绿化树种，与生产区之间形成隔离带。

城市园林绿化规划设计

第五节　工矿企业绿地

目前,随着新一轮经济的快速发展,许多新的工矿企业不断出现,比如最近媒体报道,(2012 年)"五一"假日期间,宝钢和武钢这两大钢铁企业收获了一份期盼已久的大礼:已停滞 3 年之久的宝钢湛江钢铁项目和武钢防城港钢铁项目终于获得国家放行。湛江、防城港两个钢铁基地将有各 1 000 万 t 薄板产能。在对外开放对内搞活的经济大政策指导下,像湛江、北海、钦州、防城港等新兴的新型工业城市(或工业区)不断出现,就连小小的丽水市水阁工业园区也不断有企业入驻。江泽民担任总书记期间就曾经说过,要吸引外商投资,国内必须有一个安静舒适的环境来吸引外商。因此,中国工矿企业绿化的前景是广阔的,就是普通的农林职业中学的学生,说不定将来也能成为某一个乡村企业的领导者,至于工科类的大学生,那更是有希望成为工矿企业的领导者,如果学好工矿企业绿化的知识,就可根据自己的意图把企业的绿化建设搞得更好,反过来更好地为生产服务。

工业生产是多种多样的,对工厂的绿化、加强环境保护,可以说是有普遍意义的。有些生产过程需要有特殊的环境,而绿化常常被用来作为解决特殊问题的好办法。像电子管厂,精密仪器厂,丝织精工厂等,车间机器都很精密,产品质量要求也很高,车间都设有双层玻璃,在通水道口还装有过滤器,但即使这样还是不够,尚要求车间周围的空气达到清洁、少尘。因此,在工厂周围密植 30～50 m 宽的防护林带,厂内空地也都要普遍栽种各种花木,铺设草坪,不留一点空地,这样就洁净了空气,达到了绿化直接为生产服务的目的。有些工厂车间,如棉纺厂对温度、湿度有严格要求;酒厂的地下藏酒窖夏季必须采取遮阴措施达到降温;木材场易发生火灾,需要防火措施,都可以靠绿化解决降温、防火问题以节约一批其他仪器和设备。

工矿企业绿化为工人生活服务,创造休息环境,是十分必要的,如是国防保密工厂更能起到隔离和隐蔽的作用。

工矿企业类型很多,规模有大、中、小之分,但就其组成部分来看,一个完整独立的工矿企业,可分为生产区和生活区两大部分。生活区的绿化要求基本上与居住区相同,这里只讨论其生产区部分的绿化。

一、各类工矿企业绿地的基本情况

(一)重工业工矿企业绿地

这类企业包括钢铁厂、农机厂、机床厂、汽车制造厂等,其工厂面积大,生产程序复杂,车间分散,露天作业多,厂内堆积原材料和产品较多,车辆来往频繁,绿地面积占厂区总面积的比例较小,分布也很不均匀。这类工矿企业绿地,首先是厂前区和办公周围的绿地,其次是厂内主要干道、个别车间周围的绿地,至于其他一些区域就很少有绿地了,因为比较难绿化。

(二)轻工业工矿企业绿地

轻工业工厂(尤其是棉纺厂)生产都比较集中和衔接。工厂建筑主要集中在厂区中央,周围仅有少量的仓库和附属设施。工厂生产对绿化有一定的要求,因此这类工矿企业

绿化条件比较好,但要求也高。

(三)化学工业工矿企业绿地

化工厂许多车间要散发出氯气及氯化氢气体,有些是以强酸强碱为原料的化学性车间,虽有集中堆放的场地,但会不断挥发出氯化氢气体,对树木危害很大。有些车间产生大量灰尘,粘满叶面,严重影响树木的光合作用以致枯死。因此,化学工矿企业的绿化区域仅局限于厂前区及较远离车间的空地,即使是车间邻近道路的绿化,都因有毒气体,强酸、强碱流液而不能进行,所以这类工矿企业的绿地是最少的。

(四)精密工业工矿企业绿地

精密工业工厂(如电子管厂、仪器厂等)厂区一般分为前后两部分。前面为办公楼或车间,应该全面绿化;后面为冶炼及露天作业区和堆料场,较难绿化。一些主体车间和实验室,对防尘、防沙要求特别高,不仅设双层玻璃,里面窗缝还要用胶带纸封口,通入室内的空气还要过滤,对室外绿化环境要求很高,周围如有暴露的土面,至少要铺上草皮,厂区周围还要种植 30 ~ 50 m 宽的林带,并且花木不能选用会产生飞絮的树种。

(五)煤矿企业绿地

煤矿企业工作都在地下,对井口进行绿化能使矿工一出井口就能照到柔和的阳光,看到鲜明的色彩。因此,对井口的绿化必须强调色彩和光线。如选枝叶稀疏的树种,避免出井口时强光刺目而有碍工人健康。矿山往往较多是低山丘陵区,许多荒山荒地可结合生产营造坑柱用材林。堆煤场、选煤场、坑木场和火药仓库周围,对防火要求特别严格,要考虑栽植防火林带。作为最适宜的防火树,常绿树种有珊瑚树、交让木、厚皮香、青刚栎、桂花、苦槠、红楠、广玉兰、夹竹桃、八角金盘、冬瓃珊瑚、女贞、棕榈、芥草、大叶冬青;落叶树种有垂柳、白杨、银杏等。

二、工矿企业主要组成部分的绿化

(一)防护林带

设置防护林带可参阅卫生部颁发的《各种企业及公用设施周围住宅街坊间的卫生防护带规定》。对防护林带的设置,必须根据有害排出物的降落特点及扩散特点、排出量、风向、风速、大气压、气温、污染源的距离和排出高度等因素,并要求林带在污染物开始密集降落的范围及其影响的地段内,林带间的距离不应该超过树木高度的 10 倍,在其范围内不宜布置散步和游憩的小广场。

虽然防护林带对净化空气的作用很大,但减轻有害排出物最根本的是工程技术措施,因为植物本身对有害排出物的适应与抗性是有一定限度的,超过一定限度,植物难以正常生长,当然就很难达到防护作用了。

防护林带应该选当地生长强健、具有抗性的树种。耐烟力较强的树种有落叶松、槭树、槲树、白杨、白蜡树、山茶、大叶黄杨、冬青、香樟、麻栗、东瀛珊瑚、榔榆、女贞、夹竹桃、厚朴、皂荚、无患子、珊瑚树、厚皮香、刺槐、悬铃木、朴树、七叶树、臭椿、糙叶树、枸杞、大叶冬青、青栲、槠类树等。其中以臭椿抗烟力最强,榔榆、枸杞因叶面粗糙,对烟尘、粉尘的吸附能力以及对噪声声波的反射能力较强,刺槐虽然对煤烟抗性较差,但对酸性气体(NO_2、

Cl_2 等)具有一定程度的抗性。

(二)企业游憩绿地

企业游憩绿地包括厂前区绿地、集中游憩绿地和生产车间周围绿地。

1. 厂前区绿地

厂前区为行政机构所在、职工上下班集散场所,也是来宾首到之处,常常临近城市干道,建筑有助于提高城市建筑艺术。此区绿化的有利条件是:一般都在工厂的上风,离生产车间有一定距离,有害物质影响少,地上、地下管线也较少,因此常将本区作为工厂绿化的重点区域。

厂前区除安排行政、技术管理建筑和总出入口外,往往还结合一些福利项目(如医疗室、乳儿室、俱乐部、警卫室、食堂以及自行车篷、汽车库、停车场等),形成厂前区块。

厂前区的外貌是人们对厂区的第一印象,是对职工心理和精神上发挥积极作用的前奏,同时也是市容的组成部分。厂前区的设计除应该符合功能要求并注意节约外,还必须满足人们的审美要求。

厂前区的绿化布置,要重视建筑群、道路、广场、总出入口和绿化的整体效果,以形成一个清洁、优美、宁静的环境,具体可从以下几个方面来考虑:

(1)边缘地带和临近城市道路部分配植高篱,并适当栽植乔木,隔绝外部的干扰。

(2)建筑物前列植或丛植花灌木和常绿树,栽植树木的位置应该注意建筑物室内对采光和通风的要求,一般在窗前应该避免栽植乔木。

(3)化验室、保健室、幼儿园等与广场、道路之间应该保留较宽的绿化地带,并配植多层次的灌木和小乔木,以适应这些设施对卫生和安静的要求。

(4)全区的核心位置或重点地段,在可能条件下要设置花坛,种植宿根性和一、二年生草花,从色彩上增进全区的美化效果。

(5)一切裸露的土面都要用草皮进行覆盖。

(6)通向生产区的道路两侧,要栽种落叶绿荫树。

(7)生产污染物质的化工厂,应该普遍应用对污染物质具有一定抗性的绿化树种,厂前区与本厂污染源之间也应该用抗性强并具有一定吸收能力的树种组成绿带加以隔离。

(8)树木与各种管道、建筑墙面、道路边缘,必须保持一定的距离(参见表8-1 ~ 表8-5)。

2. 集中游憩绿地(又称休息园地)

企业集中游憩绿地一般宜与中心建筑区的绿地相结合,企业较大或自然条件较好,则可为职工开辟景色优美的休息园地。休息园地是工厂建设的重要组成部分。

在生产过程中,紧张的劳动会使人们精神和体力上产生疲劳,在厂内适当的地点设置绿化园地,创造供工间休息的良好环境,对恢复工人们饱满的精神和保持充沛的体力是有益的。同时,也适应工人们在班前、班后的休息、散步和集会活动的需要。

休息园地必须设置在离污染源较远并与运输车道有一定间隔的地方,这样才能保障园地环境的卫生和安静。小型工厂可以仅仅设置一个休息园地,大型工厂则应该考虑多设置几个休息园地,并照顾人数比较集中的车间,使工人们感到方便。

休息园地的周围应该有乔木、灌木林带把园地与外界隔开,园内种植多种树木,设置

花坛,铺设草皮,并适当修建休息亭廊,安置座椅,在可能条件下接通自来水,设置洗手钵等。

绿化对人们的精神产生直接的影响,工人因各自的劳动性质和车间环境的不同,所造成的精神疲劳也不尽相同。在高度的光照和经久不息的机器隆隆声响中工作,人们渴望进入一个宁谧安静的新环境,因此休息园地的布置就应该取形体比较简洁、不过于烦琐的形式,在树木花草的选用上,也以多用色泽鲜明清雅的材料为好;长时间连续单调地工作,或在光线暗淡的条件下作业,则希望得到一个光亮、令人兴奋的环境加以调剂,这样休息园地的布置就应该采取形体变化比较丰富的构图,在植物材料上也以多用色泽丰富、艳丽多彩的更为合适。

3.生产车间周围绿地

生产车间因生产特点而异,对绿化要求(如遮阴、降温、防尘、隔噪声、增湿等)也不同。一般厂矿企业的生产车间大致有下面几种类型:

(1)车间本身产生有害物质:如焦化车间、铸造车间、电化厂锅炉房等,不能就近绿化,宜在邻近休息处开辟绿地,种植较多乔木,使浓荫蔽日,造成凉爽小气候。

(2)一般车间:指本身无有害物质排出污染周围环境的车间,如包装车间、缝纫厂生产车间等,其东、西窗面种植大乔木,前面出入口作重点装饰。一些要求防尘的车间,如食品加工、钟表装配等车间需要空气非常清洁,要在车间周围设立密闭的防护林,挡住周围的灰尘入侵,也可设喷水池,铺草坪和覆地植物,增加空气湿度,树种宜选择无散发花粉、飞毛而枝叶稠密、叶面粗糙、生长健壮的花木,以过滤和吸附空气中的灰尘,也可用垂直绿化来减轻辐射热的不良影响。

光学车间和某些精密仪器实验室等,还要求充足的自然光线。周围所栽植的树木和窗台下灌木、草花都要考虑避免遮光,一些分析车间还要求十分幽静,风吹叶响的如杨树、松树等都不宜栽种。

一些要求美化的车间,如织锦、刺绣、毛毯、工艺等车间的绿化就要求一年四季常青,季季有花、造型美观自然。

(三)仓库区绿地

仓库一般有材料库和成品库,前者因生产需要应该设置在有关车间近旁,后者一般设置在独立的地段。

为了防止因空气中含有酸、碱或其他有害物质影响贮藏原材料的成分和质量,或对金属产生腐蚀作用,仓库与污染源之间应该有相当的间隔,种植防护树并铺设草皮。对贮藏电子管、晶体管等配件及精密仪表的成品仓库更须注意防尘。

在生产中经常应用酸、碱的工厂,酸、碱坛器应该有集中堆放的场地,避免在各车间附近普遍堆放,以致造成环境的污染,影响其他材料和产品的质量,危害附近树木的生长。

对于贮存易燃材料的仓库,必须与油库、动力车间保持较远的距离,并种植多行防火树加以隔离。

一般仓库要求有良好的通风条件,并注意防止夏天受强辐射热的影响,因此在仓库周围应该栽植树冠高大、叶密荫浓的乔木,同时注意通风窗口不要受树冠的阻挡。

仓库区的绿化,须和生产区同样注意不影响运输车辆的通行,要保持足够的道路宽度

和转角空间,在万一发生火警的情况下,消防车辆可畅通无阻。

(四)工厂水源绿地

许多厂矿企业,除生活用水及消防用水外,生产上的用水量也是很大的,如水力采掘、制造产品、冲刷产品、冷却、排除废物、产生蒸汽以及辅助性的生产过程中都需要一定的用水量,一些企业生产用水量很大,因远离城市没有条件利用自然水源必须单独设立一套取水供水系统,建立取水供水构筑物,为了保护水源的清洁卫生不受污染和减少水的蒸发量,应该对水源采取必要的绿化措施。

1. 贮水池及河湖的绿化

贮水池周围的绿化主要是通过树木的挡风而减少蒸发量,阻隔尘埃、飞沙对它的污染。栽植要求在池边缘 2 m 的范围内铺设草地,草地后面要种植针叶树(因针叶树落叶少且落叶也便于收集),然后再种植阔叶树,也可以栽植一些可粗放管理的果树,沿河、湖畔的绿化应该以护堤固岸为主。

2. 喷射式冷却池与冷却塔的绿化

风速对喷射式冷却池的影响很大。为避免喷射水滴被风吹走而水量损耗过大,在进行绿化种植时,必须在上风方向设置以常绿树为主的防护林带。冷却塔中的鼓风式冷却塔冷却噪声很大,需要结合考虑减轻噪声,可设置由枝叶茂密的乔木、灌木组成的混交林隔声防护林带。开放式的冷却塔,因利用自然通风,绿化时必须保证通风良好,通常在其高度的 1.5 倍以外才能种植乔木、灌木。

3. 深井的绿化

要求水质较高的企业如化工厂、自来水厂等常以深井作为水源。以管道相连组成许多深井群,以深井的中心向外,25~400 m 为深井的第一卫生防护带进行绿化,保护水源,防止污染,地面要铺设草皮。在管道附近要种植绿化树,但至少要留出 2.5 m 的距离,便于检修和筑路用。深井附近的地面很宽,绿化可结合生产选用管理粗放、不需要太多肥料的经济性树种绿化。

第六节　机关单位绿地

机关单位的绿化主要在于形成一个安静、卫生、优美、具有良好小气候条件的工作环境,有利于工作人员提高从事行政和业务工作的效率。

一般机关单位主体建筑邻近街道,并且多数面向街道。在可能条件下,主体建筑要后退,其建筑红线与街道要保持一定的距离,结合左右两侧的建筑,把这一地段构成一个绿色前庭。它的作用在于:①建筑群有着园林绿化的陪衬,可以弥补和协调各建筑之间在尺度、形式、色彩上的不足,体现完整而美观的外貌,丰富整个空间构图,进而成为组织街景的一部分;②适应工作人员因上下班人流集散所需要的场地和活动空间;③有利于环境的卫生防护,起到降低街道噪声和吸附灰尘的作用,以缓和对办公室内的干扰影响;④供工作人员工间锻炼和休息;⑤开辟停放车辆的场地。

为适应建筑的几何形体和城市纵直的道路以及方便交通,前庭的布局一般采取规则式。从机关单位大门至主体建筑主要出入口开辟直接联系的道路,前庭被区划为左右两

城市园林绿化规划设计

130

片。又因境域纵深的不同呈现两种类型:一是由一条平行于建筑的道路把前庭划分为前后宽度相近的两条绿化地带,在纵深较大的情况下,放宽临街绿化带的宽度;二是由两条平行于建筑的道路把前庭划分为三条绿化地带,中央的一条比较宽些。此外,为突出中轴线可设置树坛,并以此组织交通。在主体建筑与城市道路成一定夹角的情况下,建筑主要出入口与道路的交接部分应该保留宽阔的场地。

机关单位大门至建筑主要出入口之间,道路的宽度取决于上下班的人流、车辆的暂时停放和照顾与建筑主要出入口尺度的协调关系,一般不得小于 5 m。中央设置树坛的道路,应以树坛为中心构成一个广场,树坛外围铺装的宽度不仅要满足车辆的回转,还要适应整个广场的空间构图。

停车场一般设在前庭一侧的边缘,最好不影响整个前庭的完整和美观。平行于建筑和道路,其宽度要适应通向两侧建筑的交通和车辆出入的需要。

前庭的绿化从卫生防护上说,临街地段的绿化是个重点,应该着重配置乔木、灌木以阻隔噪声和过滤灰尘。一般来说,一行高在 2.5 m 以上、宽在 1 m 左右的绿篱结合一行乔木,其降低噪声的效果为 8.5 dB;建筑楼层与声源间在有稠密的乔木树冠的阻隔下,噪声强度可减少 12 dB。宽 4 m 的绿带栽植乔、灌木各一行,可以使另一侧减少 50% 的灰尘;宽 6 m 的绿带栽植乔、灌木各两行,可以使另一侧减少 80% 的灰尘。

建筑旁的绿带可以等级距离栽植树林;也可采取自然丛栽的方式。在出入口左右和建筑两端配植树丛,中间用等级距离的灌木连接起来,可以收到比较良好的效果。在绿化布置中注意不影响室内的良好采光和通风,并避开地下管线。

划分为三条绿带的中间一条,应该以草坪为主。保持前庭空间的开阔感。其间可适当配植常绿整形树木,但疏密要适度,不可过于密集。并尽可能布置一些花卉,丰富前庭色彩。

前庭中央设置树坛,一般栽植单株整形常绿树,树下和外围铺植草坪或布置花卉。树坛中栽植的单株树木必须考虑形体与建筑之间的透视关系,应用形体过于尖梢的树种往往收不到良好的效果;形体浑圆宽阔的树木结合外围草花布置,却能给人以稳重和协调的印象。

道路两侧绿带边缘栽植绿篱,可以加强绿化地带的整齐感和保持基部的绿貌,但必须选择应用中、矮材料,并经常修整,控制一定高度。一般路旁的绿篱控制不超过 80 cm 的高度。三条绿带式的中间绿带,边缘如果种植绿篱,其高度宜控制在 40 ~ 60 cm。过高的绿篱有损于前庭的整体性,同时使人产生道路多狭窄的感觉。

机关单位的礼堂、食堂、杂院等附属建筑和场地也应该合理布局,尤其要考虑食堂在炊事中产生的响声和烟尘,不得使其影响办公楼及礼堂等处的安静和清洁。这一地段的绿化以栽植冠大枝密的乔木为主,起着防护和隔离的作用,但不宜使整个地区显得十分蔽塞。南北走向的礼堂两侧,成行栽植高耸式乔木,可以改善夏季由于东、西日晒对礼堂内部造成高温和强烈光线的影响。

有条件的机关单位,内部可以开辟供工作人员休息和工作活动的绿色场地。

第七节　综合性公园绿地

公园是城市绿化中最丰富、最精致的组成部分,是城市绿化不可缺少的因素。城市公园是建立在最大限度地满足人们物质和精神享受的需要这个基础之上的,是为广大的人民大众服务的,对发展国民经济和现代化建设起着积极的作用。1949年以来,大陆公园的发展走过了一条曲折的道路。20世纪50年代,由于党中央的重视,有目的地在一些重点城市发展了一批城市公园,虽然公园的功能不是很齐全,但对改善市容市貌和稳定城市人民生活情绪以及恢复、发展生产起到了积极的作用,如杭州市的花港观鱼公园。20世纪60年代初,由于三年自然灾害的影响,国民经济困难,一度放松了城市公园的建设。从1962年、1963年国民经济调整恢复开始,城市公园又开始发展,但后来由于"文化大革命"的影响,把城市公园建设作为封、资、修来批判,一大批搞绿化工作的专家、教授受到打击,有的专家不得不放弃心爱的专业改行搞林业,这样大陆城市公园建设到1977年还基本上停留在50年代的水平(据全国150个城市统计分析,城市公共绿地面积平均每人只有4 m²,其中2/3的城市在3 m²以下)。1978年以后,城市公园建设走上了恢复和发展的道路,特别是80年代随着改革开放政策和城市经济体制改革,城市公园建设开始了全面发展。据有关资料统计,城市数目由1977年的150多座发展到1990年的400多座,增加1.7倍,城市公共绿地面积也发展到每人平均6 m²,增加50%。到了2011年底,城市数目更是达到了621座(包括4座直辖市、15座副省级市、267座地级市、4座副地级市和331座县级市),比1977年增加3.1倍,比1990年也增加了55.25%。城市公共绿地面积也发展到每人平均11.8 m²,分别比1977年和1990年增加了1.95倍和0.97倍。2011年全国城市建成区绿化覆盖面积161.2万 hm²,比上年增长11.8万 hm²。全国城市建成区绿化覆盖率、绿地率已分别达到38.62%和34.47%。

我国新发展的城市公园,由于大多结合当地实际情况,除供给当地人民优美的绿地环境作游憩外,还结合着文化科学宣传、文娱体育、展览及讲座等群众性活动,所以许多公园都设有各种专门设施与分区,我们不妨称之为综合性公园。

一、我国城市公园面积的探讨

为了讨论的方便,现在先套用一下第四章中有关公共绿地定额的计算公式:$F = Pf$。在这里我们把F定义为城市中每个居民所占综合性公园面积,P仍为单位时间内最高游览人数占城市总人口数的百分比,f仍为每个游览人在公园中所需要的面积(我国采用45 m²/人)。在西方国家中,P一般为30% ~ 50%,由于我国人口众多,加上活动习惯不同,建议大中城市采用20%,小城市及城镇采用30% ~ 40%。现根据我国国情及将来人口规划和国民经济发展情况,把全国城市分为4类进行公园面积规划,如表8-6所示。

城市园林绿化规划设计

表8-6　城市综合性公园面积规划

城市分类	公园面积 （hm²）	城市人口 （万人）	公园定额 （m²/人）	P数 （%）	城市举例
全国重点旅游城市 人口超200万城市 人口超100万城市	900～4 500 1 800～4 500 900～1 800	100～500 200～500 100～200	9	20	北京、杭州、桂林、南京、武汉、 上海、天津、广州、深圳、南宁、 大庆、吉林、唐山、烟台、嘉兴
省级重点旅游城市 人口超50万城市 人口不到50万的省会城市	450～900 450～900 180～450	50～100 50～100 20～50	9	20	丽水、绍兴、镇江、景德镇、衢州、 湖州、义乌、诸暨、瑞安、盐城、 拉萨、银川
省内区域性重点旅游城市 人口超20万城市 人口不到20万的地级驻地城市	135～270 270～540 135～270	10～20 20～40 10～20	13.5	30	临安、临海、奉化、余姚、龙泉、 象山、海宁、平湖、玉环、苍南、 和田、喀什、昌吉、库尔勒、昌都
人口超10万城市或城镇 人口不到10万的县级城市或县城 人口超5万的经济强镇	180～270 90～180 90	10～15 5～10 5	18	40	长兴、德清、海盐、桐乡、云和、 那曲、日喀则、 盐官、乌镇、大陈、壶镇、温溪

注：①城市人口为规划数；

②公园定额指市、区级公园（不包括郊区的风景名胜区）的定额，不包括住宅区绿地（但小城市指所有公共绿地）。

1. 全国重点旅游城市和市区人口超百万城市

这类城市由于人口众多（或流动人口众多），要求城市公园面积达到800～2 000 hm²。当然这是总面积，就单个市、区级公园来说，除市中心公园可达100～300 hm²（人口超百万的300 hm²，否则应该掌握在100 hm²左右）外，其余的综合性公园均不宜超过60～75 hm²（相当于半径500 m左右），经验证明，当面积大于上述规模时，实际上将有一部分用地不能得到充分的利用（在缺乏公共交通的情况下）。根据国务院1982年11月8日（44处）、1988年8月1日（40处）、1994年1月10日（35处）、2002年5月17日（32处）、2004年1月13日（26处）、2005年12月31日（10处）、2009年12月28日（21处）先后公布的七批国家级重点风景名胜区名单（共208处），结合历年来各地旅游人数信息，建设全国重点旅游城市规划数28座，它们是：北京、南京、杭州、武汉、西安、哈尔滨、重庆、昆明、青岛、大连、苏州、厦门、温州（以上为市区人口超200万规划城市），桂林、洛阳、无锡、舟山、九江、牡丹江、北海（以上规划为市区人口超100万城市），承德、秦皇岛、鞍山、黄山、宜昌、岳阳、大理、三亚（以上为市区人口超50万规划城市）。另外，根据全国经济发展趋势及各地交通发达程度、地理位置，建设超百万人口城市规划80座（不包括上面的20座），它们是：上海、天津、广州、深圳、南宁、沈阳、长春、济南、宁波、郑州、长沙、成都、贵

133

阳、太原、石家庄、兰州、乌鲁木齐、福州、南昌、扬州、合肥、金华、株洲、香港、台北、新北、高雄(以上规划为市区人口超200万城市),大庆、齐齐哈尔、吉林、抚顺、锦州、本溪、丹东、张家口、唐山、保定、烟台、淄博、潍坊、大同、呼和浩特、包头、西宁、开封、安阳、商丘、徐州、常州、连云港、南通、南平、莆田、黄石、沙市、襄阳、荆州、衡阳、佛山、汕头、珠海、湛江、宜宾、南充、乐山、赣州、鹰潭、泉州、漳州、海口、柳州、嘉兴、台州、绍兴、衢州、安庆、芜湖、蚌埠、台中、台南。

2. 省级重点旅游城市和人口超50万城市及人口不到50万的省会城市

这类城市人口也比较多,城市规划也要求报中央批准,使之在全国有一个通盘考虑。一般来说,此类城市公园面积要求达到400～500 hm²。其中除市级中心公园面积可达80～100 hm²(市区人口超过50万城市可规划100 hm²,否则掌握在80 hm²左右)外,区级公园应该掌握在20～40 hm²。这类城市全国也应该控制发展,全国也应该控制在100座以内为好。比如,浙江省可发展湖州、丽水、义乌、诸暨、瑞安等5座城市。当然除拉萨外的其他省会城市都应该规划为市区人口超50万城市。

3. 省内区域性重点旅游城市和人口超20万城市及人员不到20万的地区驻地城市

这类城市由于人口不是很多,但又具有一定的规模,是最适合中国沿海地区、人口密度较高的省份发展城市的类型,应该大力提倡。此类城市要求城市公园面积达到150～200 hm²,一般市区人口超40万的150 hm²左右,20万到40万之间的120 hm²左右,20万以下的100 hm²左右。不管哪个范围的城市,除市级中心公园可掌握在40～50 hm²外,区级公园应该不得超过20 hm²。浙江省可拟定发展的此类城市有临安、临海、奉化、余姚、象山、龙泉、海宁、平湖、玉环、苍南等10座城市。

4. 人口超10万城市或城镇及人口不到10万的县城

这类城市人口最少,但由于城市设施齐全,适合我国内陆人口密度较低的省份走城市化道路,应该大力提倡。此类城市要求城市公园(包括所有公共绿地)总面积达到50～100 hm²。除城市和县城可设一面积约10～20 hm²的中心公园外,其他城镇通常不需要设立专门的中心公园。一般这类城市的公共绿地均与住宅区、商业区及机关办公区、文化娱乐区相配套,以便充分利用地形地貌进行绿化设计。浙江省可拟定发展的此类县级城市有长兴、德清、海盐、桐乡、富阳、桐庐、建德、江山、松阳、云和、青田、缙云、永康、武义、兰溪、东阳、浦江、嵊州、新昌、慈溪、宁海、三门、天台、仙居、温岭、乐清、永嘉、平阳、龙港、横店等30座。

5. 人口超5万的经济强镇和人口不到5万的小县城

这类城镇虽然人口不多,但由于较乡村人口集中,对大力吸引附近的农村人口具有很大的作用,应该大力提倡。此类城镇要求城市公园(包括所有公共绿地)总面积达到20～30 hm²。除县城根据实际地理条件可设立10 hm²左右的中心公园外,一般非县城不专门设立中心公园,一般的公共绿地均与住宅区、商业区及机关办公区、文化娱乐区相配套,以便充分利用地形地貌进行绿化设计。浙江省可拟定发展的此类经济强镇有澉浦镇、盐官镇、乌镇、店口镇、大陈镇、航埠镇、壶镇镇、温溪镇、湖前镇、林垟镇、场桥镇、沙城镇、泽国镇、桥头镇等100余座。

二、公园专门设施与分类

(一) 群游群乐类
群游群乐类包括娱乐活动、游戏、音乐、戏剧、电影、节目表演、跳舞等。

(二) 体育运动类
体育运动类包括体操、田径、球类及溜冰、水上运动等。

(三) 儿童游戏类
儿童游戏类包括供学前儿童游戏的专用设施和供小学生专用的各种设施。

(四) 文化教育类
文化教育类包括各种展览馆、书报阅览室、宣传栏、科技画廊等。

(五) 服务行业类
服务行业类包括饭店、茶室、小卖部、摄影部、园务管理处、花房等。

三、公园规划设计的一般原则

(1) 充分分析公园的性质、任务和条件，为总体规划提供足够的依据，这是最基本的原则。

(2) 每个公园都必须规划有一个布局的中心，成为主题突出、重点美化的中心，并结合游人的行进路线和导游路线，设计富有节奏变化的连续景区或景点。

(3) 充分利用原有条件、地形、地貌，因地制宜地进行规划设计，切忌景观千篇一律。

(4) 对观赏植物要有统一规划。观赏植物是公园最主要的组成部分，可以说没有观赏植物就没有公园。因此，在总体规划中应该按地形、土壤条件等特点及公园的功能和风景要求，确定其骨干树种和各区的主要植物种类，以便形成良好的景观效果。

(5) 公园是城市居民节假日游玩的主要场所，也是进行文化艺术教育的空间所在，所以应该依据自然条件和居民的风俗习惯，对公园进行独具一格的艺术造型设计，使各景区都有精美的艺术品再现。

(6) 由于资金等的限制，不可能很快地建成精美的公园，所以必须考虑远近结合，分期概算，逐年完成，但必须有具体的完成年限。

(7) 由于公园主要是供居民使用的，所以必须把规划公布于众，听取群众的合理意见，认真修改，实行"几上几下"的原则。

四、公园中各种活动内容的设计安排

(一) 文娱教育区
一般为方便游人进入公园参加文娱活动，文娱教育区多设置在主要出入口附近。本区的活动内容不宜过分集中，要注意其一定的绿地比例，否则会失去公园的感觉。大型的露天剧场还可有单独的出入口，有时为了解决人流疏散，更有独自组成一区的布置。群众文娱活动区比较喧闹，要有适当的隔离。本区往往是整个公园的主要部分，建筑艺术和一切设施都应该做得比较好，一些服务设施也大多集中于本区。

（二）安静休息区

安静休息区专供游人散步、练拳、休息、欣赏自然风景、垂钓,要求达到"蝉噪林愈静,鸟鸣山更幽"的意境。本区要利用绿化基础较好、树木较多和地形起伏的地方,区内也可设置阅览室、展览馆、科技画廊、棋艺室、茶室等设施。大片的林间空地还可兼设一些打太极拳、羽毛球的场地等。面积大的安静休息区,有山有水的地形还可结合观赏植物专类园,形成山清水秀、鸟语花香的画面。

（三）儿童活动区

一般来说,在城市游玩公园的人数以青少年为多,其中儿童就占整个公园游玩人数的30%左右。因此,在公园中为儿童设置些多样化的活动器具是很有必要的。本区要选择日照良好、安全、自然景色开朗的地方,最好用绿篱或栏杆围起来。布置应该适合儿童心理,使其感兴趣,并易于理解,色彩要明快,式样要新颖,尺度比例也要适合儿童要求。

（四）体育活动区

群众对体育活动的要求是多方面的,如登山、划船、游泳、球类比赛等。广州越秀公园设有游泳池、旱冰场、划船场所、羽毛球场、乒乓球场等,内容丰富多彩。当然,公园体育活动内容要因地制宜,因群众所方便使用而定。本区出入口安置在公园入口附近,甚至也可专门设立出入口。游泳池的绿化树种应该选择不脱落叶片的,如棕榈、芭蕉等既可保持水质清洁,又具有南国风味,池边还要设草坪、日光浴场、更衣室、淋浴器具、服务部等设施。

（五）园务管理区

园务管理区的内容设施要根据公园大小而定,一般安排有办公室、食堂、工具(农具)房、职工宿舍、温室、花圃等。考虑到对园林管理的方便和对外联络的方便,设在出入口区域比较好,通常选择偏于一角、游人不到之处,也有与花圃、花房结合布置的,作为公园中的游览区。

五、公园的出入口、道路和广场

（一）公园出入口

公园出入口可分为主要、次要和园务工作者所用的三种。

(1)主要出入口:接纳公园主流游人用的,位置应该朝向城市主干道或广场,即人流来往最多、交通最方便的地方,使公园与城市各区有密切联系。出入口附近必须有较大的空地建立广场、停车场,最好选择地形平坦的地方,便于大量人流集散。主要出入口的建筑形式应该能表示出公园的风格,出入口可附设售票区、电话亭、邮局和小卖部等。

(2)次要出入口:为了专供附近居民出入公园的便利,同时可分担文娱、体育活动区大量人流的集散。一个公园根据需要可以设置几个次要出入口,但不宜过多。

(3)园务工作专门出入口:这是为便于公园管理、生产、运输而专门设置的出入口,不与游人出入相混,一般设置在不引人注意的地方。

（二）园内道路

园内道路是引导游人和正确分配游人的重要条件,也是联系各区周而复始的游览路

线,方便游人到达各景区,供散步、休息,同时还起到区划各景区的作用。规划道路时应该考虑功能划分,做到主次分明。确定主要干道特别重要,主干道路线要宽阔,不宜有过多的弯曲变化,路面质量要好,选择行道树也要高质量的。

公园中的道路一般是环通式的,但要使游人经活动或休息后不重复原来的道路,次要干道和步行小径的布置也应该采用这种方式,但不宜过分直长。

道路交叉口的处理,要求夹角不过于成锐角。两条都是主要园路的,尽可能采取正交方式,交叉口处做扩大处理,便于游人、行车交会。规划道路时,交叉口、分叉口不宜过多,过多往往使游人无所适从,过多的指路牌作引导也是不理想的。

园路和建筑物有密切的联系,通常有几种形式。一种是直接通向建筑物,一种是和建筑物前的广场相联接。无论何种形式,如果是主要建筑物,游人量较大,则应该设置集散场地;游人量不多,则不设置集散场地,可将通向建筑物的园路适当加宽。休息用建筑需要有安静的环境,园路与建筑间可用小路联系,不必将园路设置成直接靠近休息用建筑。

(三)公园广场

公园广场是解决人流集散、组织活动用的设施,对丰富公园面貌、加强艺术性有重要作用。不同类型的公园广场主要有以下两种:

(1)出入口广场:面积通常根据游人数量、停车数量、广场与建筑艺术间的比例尺度等具体情况而定,设计形式用对称的居多,但自然式的也别有特色,其形式有矩形、半圆形、梯形、不规则形等。广场的绿化除了起庇荫作用外,还要有美化的特色。

(2)集散广场和休息广场:人流集中的地区必须设置休息广场,并供集散用。形式有整齐和自然两种,根据建筑物和周围环境而定。纯粹供休息用的广场也是很多的,位置应该选择避风、风景优美的地方,有的与水面结合起来,有的与建筑或道路结合;设计要求自然,地面用片石、砖、瓦等作模纹铺装,观赏植物成丛配植,专供游人休息欣赏。

六、公园中的建筑物

游人在公园中活动需要有一定数量的艺术水平较高的建筑物作为活动、休息和管理之用。由于建筑物与人的活动有着密切的关系,同时又是人为的精湛艺术品,因此在公园的整个艺术布局中起着重要作用。公园中的建筑物一般可分为以下三种:

(1)专门为活动所需要的建筑物,如剧院场、展览馆、俱乐部、体育场、饭店、茶室等。

(2)作为休息和点缀用的亭、台、廊、阁、桥、栏杆、花架、雕像、灯柱等小建筑,虽不是布局中心,但它是景区中的景点,而且往往是艺术性重于实用性。

(3)要隐蔽在绿荫深处的,或需完全隔离的建筑物,如公园管理用房和厕所等。

公园建筑物常常不是孤立地布置的,有的常用廊、花架等将几个内容联合组成一个组群来处理,可以得到较好的效果。建筑物的布局应该与植物、山水等很好地结合,使得建筑造型与四周的天然景物互相衬托联系。

第八节　风景区和休疗养区绿地

一、风景区的发展

中国历史悠久,地大景多,名胜古迹遍布,自然风光秀丽,自古至今名闻世界。早在奴隶社会的周代早期,就有周文王的"灵囿",其方七十里,养有兽、鱼、鸟,供帝王游牧取水。秦代在公元前218年于咸阳渭水之南兴建"上林苑",苑中有涌泉,有怒瀑,还有种类繁多的动植物。到了汉代,"上林苑"更是扩大了,分区豢养动物,栽培名果奇树3 000多种,其规模相当可观,内容丰富多彩。三国时代,魏文帝以五色石起景于阳山的"芳林苑",植松竹草木,捕禽兽充其中;吴国的孙皓在其京都(现在的南京)大开苑圃,起土山楼观,功役之费以亿万计。后三国之晋武帝司马炎重修"香林苑","植佳树珍果,穷极雕丽"。南北朝时代的北朝北魏道武帝在盛乐(今天之内蒙古林格尔县境内)建"鹿苑",引附近武川之水注入苑内,广几十里。到了隋代,隋炀帝杨广在洛阳以西建造"西苑",周围200里,苑内造海,周十余里,海中有三座神山,高百余尺,殿堂楼观极多,山水之胜,动植物之多,都是极尽豪极的。到了唐代,在长安建造宫苑结合的"西内"、"东内"、"南内"、"芙蓉苑"及在骊山上建设的"华清宫",都是无比奢华的皇家园林。至于宋代有著名的"寿山艮狱"(今天之开封),周围十余里。元代修的"万岁山"、明代建设的"西苑"都是相当有名的皇家园林。清代占地8 400亩的承德"避暑山庄"和"圆明园"、"颐和园"等,更是将中国古代封建王朝的官宦皇家园林推向了艺术之高潮。此外,还有封建王朝的士大夫、地主、富商等营造的私家花园,最突出的如苏州古典园林代表之拙政园、狮子林,杭州山水园林代表之刘庄、孤山、花港观鱼等,不计其数。只是有的年代久远,今天没能保存下来。中国疆域辽阔,各地风景优美的名山大川数不胜数,供今天开辟成风景区的遍布全国。这都是为了国内外发展旅游事业、丰富人民文化生活极为宝贵的物质财富和精神财富。

1978年全国园林会议首次将浙江杭州西湖、江苏无锡太湖、广西桂林漓江、山东泰山、四川峨眉山、江西庐山、安徽黄山列为全国性自然风景保护区,并强调各省要分别建立地方级风景保护区。经过四年的努力,1982年国务院审定公布了第一批(44处)国家重点风景名胜区名单(见表8-7)。据1986年统计,第一批44处国家重点风景名胜区全年接待国内外游人15 400万人次。事实证明,审定、保护和建设风景名胜区,给社会带来了明显的环境效益、社会效益和经济效益。但是,中国还有众多的具有重要科学、文化价值的风景名胜资源亟待保护、亟待按规定进行合理利用,以使中华民族这批珍贵的文化和自然遗产得到科学的系统管理。1988年国务院又审定公布了第二批(40处)国家重点风景名胜区名单(见表8-8),1994年国务院又审定公布了第三批(35处)国家重点风景名胜区名单(见表8-9)。进入21世纪以后,随着中国经济的进一步发展,国务院又分别于2002年审定公布了第四批(32处)国家重点风景名胜区名单(见表8-10)、2004年审定公布了第五批(26处)国家重点风景名胜区名单(见表8-11)、2005年审定公布了第六批(10处)国家重点风景名胜区名单(见表8-12)、2009年审定公布了第七批(21处)国家重点风景名胜区名单(见表8-13)。

表 8-7 第一批国家重点风景名胜区名单 (1982 年 11 月 8 日公布)

序号	省份	风景区名称	序号	省份	风景区名称
1	北京	八达岭—十三陵风景名胜区	23	河南	鸡公山风景名胜区
2	河北	承德避暑山庄外八庙风景名胜区	24	河南	洛阳龙门风景名胜区
3	河北	秦皇岛北戴河风景名胜区	25	河南	嵩山风景名胜区
4	山西	五台山风景名胜区	26	湖北	武汉东湖风景名胜区
5	山西	垣山风景名胜区	27	湖北	武当山风景名胜区
6	辽宁	鞍山千山风景名胜区	28	湖南	衡山风景名胜区
7	黑龙江	镜泊湖风景名胜区	29	广东	肇庆星湖风景名胜区
8	黑龙江	五大连池风景名胜区	30	广西	桂林漓江风景名胜区
9	江苏	太湖风景名胜区	31	四川	峨眉山风景名胜区
10	江苏	南京钟山风景名胜区	32	四川	长江三峡风景名胜区(重庆)
11	浙江	杭州西湖风景名胜区	33	四川	黄龙寺—九寨沟风景名胜区
12	浙江	富春—新安江风景名胜区	34	四川	缙云山风景名胜区(重庆)
13	浙江	雁荡山风景名胜区	35	四川	青城山—都江堰风景名胜区
14	浙江	普陀山风景名胜区	36	四川	剑门蜀道风景名胜区
15	安徽	黄山风景名胜区	37	贵州	黄果树风景名胜区
16	安徽	九华山风景名胜区	38	云南	路南石林风景名胜区
17	安徽	天柱山风景名胜区	39	云南	大理风景名胜区
18	福建	武夷山风景名胜区	40	云南	西双版纳风景名胜区
19	江西	庐山风景名胜区	41	陕西	华山风景名胜区
20	江西	井冈山风景名胜区	42	陕西	临潼骊山风景名胜区
21	山东	泰山风景名胜区	43	甘肃	麦积山风景名胜区
22	山东	青岛崂山风景名胜区	44	新疆	天山天池风景名胜区

表 8-8 第二批国家重点风景名胜区名单 (1988 年 8 月 1 日公布)

序号	省份	风景区名称	序号	省份	风景区名称
1	河北	野山坡风景名胜区	7	辽宁	大连海滨—旅顺口风景名胜区
2	河北	苍岩山风景名胜区	8	吉林	松花湖风景名胜区
3	陕西	黄河壶口瀑布风景名胜区	9	吉林	"八大部"—净月潭风景名胜区
4	辽宁	鸭绿江风景名胜区	10	江苏	云台山风景名胜区
5	辽宁	金石滩风景名胜区	11	江苏	蜀岗瘦西湖风景名胜区
6	辽宁	兴城海滨风景名胜区	12	浙江	天台山风景名胜区

序号	省份	风景区名称	序号	省份	风景区名称
13	浙江	嵊泗列岛风景名胜区	27	广西	桂平西山风景名胜区
14	浙江	楠溪江风景名胜区	28	广西	花山风景名胜区
15	安徽	琅琊山风景名胜区	29	四川	贡嘎山风景名胜区
16	福建	清源山风景名胜区	30	四川	金佛山风景名胜区(重庆)
17	福建	鼓浪屿风景名胜区	31	四川	蜀南竹海风景名胜区
18	福建	太姥山风景名胜区	32	贵州	织金洞风景名胜区
19	江西	三清山风景名胜区	33	贵州	潕阳河风景名胜区
20	江西	龙虎山风景名胜区	34	贵州	红枫湖风景名胜区
21	山东	胶东半岛风景名胜区	35	贵州	龙宫风景名胜区
22	湖北	大茫山风景名胜区	36	云南	三江并流风景名胜区
23	湖南	武陵源风景名胜区	37	云南	昆明滇池风景名胜区
24	湖南	岳阳楼洞庭湖风景名胜区	38	云南	丽江玉龙雪山风景名胜区
25	广东	西樵山风景名胜区	39	西藏	雅砻河风景名胜区
26	广东	丹霞山风景名胜区	40	宁夏	西夏王陵风景名胜区

表 8-9　第三批国家重点风景名胜区名单(1994 年 1 月 10 日公布)

序号	省份	风景区名称	序号	省份	风景区名称
1	天津	盘山风景名胜区	19	湖北	九宫山风景名胜区
2	河北	嶂石岩风景名胜区	20	湖南	韶山风景名胜区
3	山西	北武当山风景名胜区	21	海南	三亚热带海滨风景名胜区
4	山西	五老峰风景名胜区	22	四川	西岭雪山风景名胜区
5	辽宁	凤凰山风景名胜区	23	四川	四面山风景名胜区(重庆)
6	辽宁	本溪水洞风景名胜区	24	四川	四姑娘山风景名胜区
7	浙江	莫干山风景名胜区	25	贵州	荔波樟江风景名胜区
8	浙江	雪窦山风景名胜区	26	贵州	赤水风景名胜区
9	浙江	双龙风景名胜区	27	贵州	马岭河峡谷风景名胜区
10	浙江	仙都风景名胜区	28	云南	腾冲地热火山风景名胜区
11	安徽	齐云山风景名胜区	29	云南	瑞丽江—大盈江风景名胜区
12	福建	桃源洞—鳞隐石林风景名胜区	30	云南	九乡风景名胜区
13	福建	金湖风景名胜区	31	云南	建水风景名胜区
14	福建	鸳鸯溪风景名胜区	32	陕西	宝鸡天台山风景名胜区
15	福建	海坛风景名胜区	33	甘肃	崆峒山风景名胜区
16	福建	冠豸山风景名胜区	34	甘肃	鸣沙山—月牙泉风景名胜区
17	河南	王屋山—云台山风景名胜区	35	青海	青海湖风景名胜区
18	湖北	隆中风景名胜区			

表 8-10　第四批国家重点风景名胜区名单(2002 年 5 月 17 日公布)

序号	省份	风景区名称	序号	省份	风景区名称
1	北京	石花洞风景名胜区	17	江西	仙女湖风景名胜区
2	河北	西柏坡—天柱山风景名胜区	18	江西	三百山风景名胜区
3	河北	崆山白云洞风景名胜区	19	山东	博山风景名胜区
4	内蒙古	扎兰屯风景名胜区	20	山东	青州风景名胜区
5	辽宁	青山沟风景名胜区	21	河南	石人山风景名胜区
6	辽宁	医巫闾山风景名胜区	22	湖北	陆水风景名胜区
7	吉林	仙景台风景名胜区	23	湖南	岳麓山风景名胜区
8	吉林	防川风景名胜区	24	湖南	崀山风景名胜区
9	浙江	江郎山风景名胜区	25	广东	白云山风景名胜区
10	浙江	仙居风景名胜区	26	广东	惠州西湖风景名胜区
11	浙江	浣江—五泄风景名胜区	27	重庆	芙蓉江风景名胜区
12	安徽	采石风景名胜区	28	四川	石海洞乡风景名胜区
13	安徽	巢湖风景名胜区	29	四川	邛海—螺髻山风景名胜区
14	安徽	花山谜窟—渐江风景名胜区	30	陕西	黄帝陵风景名胜区
15	福建	鼓山风景名胜区	31	新疆	库木塔格沙漠风景名胜区
16	福建	玉华洞风景名胜区	32	云南	博斯腾湖风景名胜区

表 8-11　第五批国家重点风景名胜区名单(2004 年 1 月 13 日公布)

序号	省份	风景区名称	序号	省份	风景区名称
1	江苏	三山风景名胜区	14	重庆	天坑地缝风景名胜区
2	浙江	方岩风景名胜区	15	四川	白龙湖风景名胜区
3	浙江	百丈漈—飞云湖风景名胜区	16	四川	光雾山—诺水河风景名胜区
4	安徽	太极洞风景名胜区	17	四川	天台山风景名胜区
5	福建	十八重溪风景名胜区	18	四川	龙门山风景名胜区
6	福建	青云山风景名胜区	19	贵州	都匀斗篷山—剑江风景名胜区
7	江西	梅岭—滕王阁风景名胜区	20	贵州	九洞天风景名胜区
8	江西	龟峰山风景名胜区	21	贵州	九龙洞风景名胜区
9	河南	林虑山风景名胜区	22	贵州	黎平侗乡风景名胜区
10	湖南	猛洞河风景名胜区	23	云南	普者黑风景名胜区
11	湖南	桃花源风景名胜区	24	云南	阿庐风景名胜区
12	广东	罗浮山风景名胜区	25	陕西	合阳洽川风景名胜区
13	广东	湖光岩风景名胜区	26	新疆	赛里木湖风景名胜区

表 8-12　第六批国家重点风景名胜区名单(2005 年 12 月 31 日公布)

序号	省份	风景区名称	序号	省份	风景区名称
1	浙江	方山—长屿硐天风景名胜区	6	河南	青天河风景名胜区
2	安徽	花亭湖风景名胜区	7	河南	神农山风景名胜区
3	江西	高岭—瑶里风景名胜区	8	湖南	紫鹊界梯田—梅山龙宫风景名胜区
4	江西	武功山风景名胜区	9	湖南	德夯风景名胜区
5	江西	云居山—柘林湖风景名胜区	10	贵州	紫云格凸河穿洞风景名胜区

表 8-13　第七批国家重点风景名胜区名单(2009 年 12 月 28 日公布)

序号	省份	风景区名称	序号	省份	风景区名称
1	黑龙江	太阳岛风景名胜区	12	湖南	虎形山—花瑶风景名胜区
2	浙江	天姥山风景名胜区	13	湖南	东江湖风景名胜区
3	福建	佛子山风景名胜区	14	广东	梧桐山风景名胜区
4	福建	宝山风景名胜区	15	贵州	平塘风景名胜区
5	福建	福安白云山风景名胜区	16	贵州	榕江苗山侗水风景名胜区
6	江西	灵山风景名胜区	17	贵州	石阡温泉群风景名胜区
7	河南	桐柏山—淮源风景名胜区	18	贵州	沿河乌江山峡风景名胜区
8	河南	郑州黄河风景名胜区	19	贵州	瓮安江界河风景名胜区
9	湖南	苏仙岭—万华岩风景名胜区	20	西藏	纳木措—念青唐古拉山风景名胜区
10	湖南	南山风景名胜区	21	西藏	唐古拉山—怒江源风景名胜区
11	湖南	万佛山—侗寨风景名胜区			

二、风景资源的开发

风景为国内外人民旅游而设,是为人们工作、劳动之余提供娱乐休息的自然场所,是"看不完、用不尽、带不走和开不尽"的自然资源。大自然中一望无际的湖光山色,峰峦起伏叠障迭翠的山岳,飞流急泻雪花溅玉的瀑布,清澈晶莹剔透的淙淙溪流,气势磅礴逶迤无比的长城,雄伟壮丽突兀飞架的铁桥,千姿百态突兀峥嵘的石林等,都是风景开发的资源。要开发利用这些风景资源,就需要进行风景区的综合规划和建设。所谓"美不自美,得人而彰"(柳宗元)说的就是这个道理。就好比矿藏埋在地下,还不能成为人们利用的财富一样,风景也是需要开发、建设才能供游人游览所用的。风景之美是和各人的审美观点、爱好、趣味和不同的游憩要求分不开的,何况风景点尚有一定的科学和历史研究价值。因此,风景区的规划设计必须根据各风景点的特色和满足人们旅游多方面的要求,做到"雅俗共赏,各得其所。"

(一)风景区的特色和类型

1. 风景区的特色

人们常说"泰山看山,曲阜看古,杭州看湖",这说明风景是有不同的特色的。风景区的特色我们可以用以下几个字来加以概括:"稀、奇、古、怪、名、绝、秀、甲"。

稀——绝无仅有;奇——出乎意料;古——历史悠久;怪——不同寻常;

名——天下著称;绝——难于匹敌;秀——景色美丽;甲——评赏最先。

自古以来,对风景的评价流传着这些说法:"上有天堂,下有苏杭";"五岳归来不看山,黄山归来不看岳"。此外,被赞为"第一山"、"第一峰"、"第一泉"、"第一滩"……的为数也很多。还有"集众所长、兼而有之"的办法,如广东肇庆的星湖被誉为"桂林之山、杭州之水";黄山更是号称"泰山雄伟、华山峻峭、衡山烟云、庐山瀑布、峨眉清凉"兼而有之。中国的自然风景、名胜古迹极其丰富,对这些资源的开发、风景区的规划必须进一步发挥这些传统特色,否则就不能激发广大游人日思夜想向往一游之急迫心情。

2. 风景区的类型

根据中国风景区的特色可以分为以下几类:

(1)以山取胜的风景区:如"蜀国多仙山、峨眉貌难匹"。"峨"形容高,"眉"形容秀,峨眉山山势雄伟高大,山脉绵亘曲折。千岩万壑,主峰万佛顶海拔 3 044 m,其中金顶摄身岩垂直高差达 600 m,加上秀丽清雅的溪流绿水、景色万千的流云瀑布、星罗棋布的涛观亭榭的陪衬,使"峨眉天下秀"的秀字更为突出了,再加上清、幽、雅和"日出、云海、宝光"三大奇观,怎不引人向往一赏!又如庐山断崖陡壁,幽深峡谷,飞泉泻瀑众多,李白诗句形容"飞流直下三千尺,疑是银河落九天"。由于山上经常烟雾弥漫,使庐山在茫茫云海中时隐时现,真有"不识庐山真面目"之叹。再如黄山号称有七十二峰,最高的莲花峰海拔 1 873 m,以"奇峰、奇石、云海、温泉"四绝而闻名。险峰、怪石林立,石柱瘦削参差,互相争异竞奇,形态各异,都有形象寓意的名称。黄山无山不松,无松不奇,仰、卧、盘屈、倒挂形态各有异趣。黄山五大云海,处于群峰环抱、宽阔凹地之中,云铺深壑,絮掩危岩,白云滚滚,伸手可握,游人叹为观止。

(2)以水取胜的风景区:如无锡太湖、杭州西湖、南京玄武湖等。太湖面积 225 000 hm²(正常水位为 3 m 时的面积),湖中有湖,山外有山,烟波浩渺,气象万千,著名风景有鼋头渚、蠡园、梅园、寄畅园、天下第二泉、三山岛等,附近旅游点还有苏州、宜兴等。

(3)山水结合的风景区:如桂林山水、肇庆星湖等都是山水交相辉映的著名风景区。桂林山水向有"甲天下"的美誉,唐韩愈诗称:"江作青罗带,山为碧玉簪",就是典型而成熟地形容其地形地貌。桂林的山是"直上青云势未休",平地拔起,形态万千。漓江的水是绿水萦绕,倒影碧波,无数青山浮水中,游鱼卵石历历可数。可谓是无山不洞、无洞不奇,洞内奇异钟乳,文物古迹,山岩碑碣琳琅满目。肇庆星湖 65% 是水面,有五湖六岗七岩八洞,兼有桂林之山和杭州西湖之水的特点。叶剑英《游七星岩》诗云:"借得西湖水一园,更移阳朔七堆山。堤边布上丝丝柳,画幅长留天地间。"早在明代,人们就说星湖可与兰亭、西湖、凤台、燕矶比雄于中原。同时由于星湖地处亚热带,还别有一派艳丽的南国风光。

(4)以历史古迹为主的风景区:如西安临潼,自周、秦、汉到隋唐有 11 个王朝建都达

143

城市园林绿化规划设计

1 000余年,历史文物古迹多而集中。本风景区还包括市内的碑林,大小雁塔、城墙及骊山温泉、华清池、半坡村遗址、秦始皇陵等。

(5)以保护动植物资源为主的自然保护风景区:如云南西双版纳号称植物王国,在25 000多 km² 面积内生长着5 000多种植物、500多种动物,其中有千年大榕树、一棵占地5亩多的有"世界油王"之称的油棕,还有名贵药材。

(6)以休闲疗养为主的风景区:如北戴河、青岛、庐山等。庐山地处长江中游,夏季凉爽,7月平均温度22 ℃,植物茂密,有森林气候的特征,星子温泉水温达80 ℃,含有小苏打等200多种矿物质,有治疗皮肤病、胃病、关节炎等多种慢性病的疗效,再加上名胜古迹多,风景秀丽,交通方便等优越条件,形成了国内著名休闲疗养胜地,也是第一批被国家公布的重点风景名胜区。

(二)开发风景区的条件和分级

1. 确定开发风景区的条件

(1)天然山水、景观优美;

(2)文物古迹的历史价值大;

(3)四季气候适宜;

(4)自然植被质量优良;

(5)对外交通方便;

(6)食宿、物质供应方便,条件优越;

(7)国内外的声誉较高;

(8)物质食品的供应具备一定的能力;

(9)旅行游览能够容纳一定规模的人流;

(10)基建队伍具有一定的施工水平。

2. 风景区的分级

风景区的分级依据以上10条进行综合评定,其中前5条是主要的,也是以先天的因素为主。一般把风景区划分为三级:第一级为国家级风景保护区(国务院先后公布7批208处);第二级为省(自治区、直辖市)级风景保护区;第三级为市县级风景保护区。

三、风景区的规划

(一)风景区的组成

1. 游览区

游览区是风景区的主要组成部分,规划各游览区以各地风景的特色而定,例如杭州西湖规划了新、旧10景。一般都把游览区的景观特色分为以下几种:

(1)以眺望为主的游览区:如庐山含鄱眺望鄱阳湖日出,泰山日观峰远望东海日出,杭州玉皇山南眺钱塘江、北览西湖等,多以俯视欣赏为主。

(2)以观瞻古迹为主的游览区:"天下名山僧占多","深山藏古寺"。文物古迹常常隐蔽在植被和周围环境特别好的风景区中,尤其是宗教建筑,如杭州灵隐寺、庐山东林寺、峨眉山报国寺等,就是带有浓厚文化特色的文物古迹,如杭州西泠印社、庐山白鹿洞书院、绍兴大禹陵等也是如此。中国历史悠久,古迹遍布,成为著名风景游览区的不胜枚举。

（3）以水景为主的游览区：杭州西湖和无锡太湖就是以水景为主的游览区。以瀑布水景为主的有庐山乌龙潭、三叠泉瀑布，贵州黄果树瀑布，这些飞瀑倾泻如万马奔腾、劈雷山崩，惊心动魄。以泉水著称的如：济南趵突泉被誉为"天下第一泉"，无锡惠山"天下第二泉"，杭州"虎跑泉"等。以水潭水洞出名的如桂林的还珠洞，通过洞口看漓江佳景别有风趣。宜兴善卷洞一泓清水弯洞中，舟波粼粼绿映红，曲折划入黑暗中，豁然开朗桃源洞。还有杭州的"九溪十八涧"，原是以"山重水复疑无路，柳暗花明又一村"取用，但如今这样的情趣已被破坏。

（4）以山景为主的游览区：如庐山仙人洞，桂林独秀峰、庐笛岩，黄山奇峰怪石等。苏东坡《庐山》诗"横看成岭侧成峰，远近高低各不同，不识庐山真面目，只缘身在此山中"，就是描写以山景为主的游览区的风景特色的。

（5）以植物为主的游览区：如杭州满觉垅桂花飘香、苏州光福寺香雪海都是此类游览区。杭州超山和无锡梅园以梅林探梅花而著名，还有北京香山秋林红叶等都是以植物群落富有特色为主题的。也有以古树为主题的游览区，如苏州司徒庙"清、奇、古、怪"千年桧柏和长沙麓山寺晋松，都是因千年著名古树而成为有名的风景游览区的。

2. 体育运动区

体育运动区是结合游览开展体育运动的区域，如划船、乘坐游艇、游泳、狩猎、滑雪等。一般水面大的风景区都设置划船、游艇、游泳，比如杭州西湖、无锡太湖、青岛海滨等。

3. 旅游接待区

国家级风景区中对旅游接待区的规划布局都很重视，接待设施也十分重要，但还是要注意切不可占据主要风景游览区，而且所有建筑物体的体量、造型、风格、色彩和群体组织都应该与风景区相协调，只能为风景增色，而不能影响风景。同时，与本区有密切联系的直接服务于旅游的行政、经济、文教、卫生、消防、公用事业等设施，也应该在旅游接待区的专门区域中给予考虑。

4. 休闲疗养区

休闲疗养区往往是风景的重要组成部分，如无锡太湖景区惠山，杭州西湖风景区九溪。有些是以休闲疗养为主的，如北戴河，庐山过去也是以休闲疗养为主的风景区。

5. 野营训练区

野营训练区国外比较盛行，常在风景区中专门开辟一些林间隙地、草坪，供旅游者露营。住宿设施通常都很简单，可租用帐篷过夜，附近可设立饭店、小卖部等服务设施，还要求交通、水电设备方便，尽量提供一些自助的野营训练器械等。

6. 商业服务区

商业服务区是为旅游者和当地居民生活服务而设立的，有分散设置于各风景点的，也有集中专门设置的，但都要注意与风景相配合，要有更高的艺术布局，如庐山集中布置的商业服务区，采用"单面街"形式，对面绿化较为精致协调。

7. 文化娱乐区

对于大型风景区，旅游者留宿日期较长，兼有休闲疗养、避暑功能要求的，就更需要设立文化娱乐区，以提供丰富的休闲生活。

8. 居民区

居民区指为旅游及休闲疗养服务的职工和家属宿舍。居民区应该避开游览区,也可与行政管理区结合规划设置。在居民区中要有小型商店、学校、幼儿园等相关设施。

9. 园艺场区

园艺场区主要指果园、苗圃、菜园、奶牛场等副食品基地,为旅游者及时提供新鲜食品和绿化材料。但也常常是从附近地区调集供应的,如肇庆星湖风景区的副食品是靠整个肇庆地区调集的。

除以上九大规划区外,还需要设置各种小型的站点,为方便游人和养护风景服务。如在沿途服务站和风景保养站出售方便食品、饮料、日用品、导游图、药品等,这些站点可与风景区的"中继点"结合起来,供游人作短暂休息。

(二)风景区的道路交通

风景区面积大,游览方式除步行外,还需要借助汽车、渡船、缆车、直升飞机等,因此风景区的道路交通系统要进行全面的规划设计,其中主要是游览路线的安排,现简述如下。

1. 单线式

一条主要道路串联几个风景点或游览区的就称单线式,如杭州西湖风景区的游览路线,可以按三日游旅程,每天一条线参观若干个风景点,三日旅游互相不重复。

2. 循环式

循环式即由环形道路串联若干个风景点或游览区,游览毕又回到原出发点,可不必走回头路,但不便于取舍。

3. 树枝式

树枝式即道路如树枝分叉再分叉,每一分支到达一个风景点。这种形式方便选择,对重点游览较为机动、方便,但游毕全程必须走一部分回头路。

4. 混合式

混合式既有循环式又有树枝式,对游人最方便,但道路长度往往增加,如庐山就属于此种方式。

5. 卫星式

卫星式即先分清风景区、游览区的主次关系,用主要道路连接主要游览区,然后再分出次要道路连接次要游览点。此方式机动性强,适用于大型风景区。

上述游览路线方式,需要根据各风景区的具体情况,因地制宜地选择。总之,要以方便游人和充分发挥风景区的功能为总目标。

(三)风景区的绿化

风景区的绿化,除园林绿化的一般原则外,还需要注意以下几点。

1. 体现突出地方风景的特色

风景区原有植被正是地方树种的特色,应该充分加以利用,切勿乱配置其他树种而造成喧宾夺主,而是应该衬托、渲染地方特色树种。如黄山的黄山松、泰山的泰山松,都是闻名中外的地方特色树种。这种特色树种也就是绿化植物中的基调树种。如果在各个景点配烘托基调树种的另外树种,如黄山某一景点在黄山松下遍栽杜鹃,杜鹃花五彩缤纷,艳丽的色彩更加强了地方风景的特色,又使各景点富于变化。

2. 郁闭与疏伐要适度

风景区的林木要求尽量增加绿化覆盖率,郁闭度要高,才能造成青山绿水优美的景观,但某些眺望点需要适当留好透视线,在疏伐过程中按实际观赏要求有透,还要求有忽隐忽现的半透,可增加游人寻景需求,最后在最适当的地方达到全透。

3. 充分表现自然景色

著名的自然风景,最富于诗情画意,要尽量发挥植物的自然美,使其充分表现自然景色,切忌栽植整形规则式花木。

(四)风景区的建筑

风景区的建筑,既要继承和发扬中国传统的民族形式,具有独特的地方色彩,又要根据现代化的新要求、新材料、新工艺,创造出富有鲜明时代特征的新风格。风景区的建筑,其造型特别要注意与周围山水相协调,色彩要明快清新、朴素大方。风景区建筑大多依山傍水,要有山可亲、有水可近,山水因有建筑而富生气,建筑因借山水而显秀丽雄伟,因此建筑体形、体量要与山形水体有相称的比例。由于风景区的观赏线是流动多向的,建筑体形就要丰富多变,要适于集仰、俯、左、右观赏的景观要求。

对古建筑的处理要很慎重。具有历史意义和历史价值者,或与国际交往、统一战线、民族团结有关的古建筑,应该重点加以修复。如八达岭、灵隐寺、天台山国清寺、西藏布达拉宫等。对历史评价暂没定论者,或无历史价值的,然而在群众中较有传说的,如杭州西湖苏小小墓、成都望江楼等也要进行维护和修整。一些历史价值和艺术水平不高的,也要加以改造利用。

(五)风景区的景名

中国风景区的特点之一是有景有名,其作用可以因名而发挥景点特色。如"苏堤春晓"既可充分发挥春晓意境,又可以助游人兴趣;"平湖秋月"有"万顷湖面常似镜,四时月好最宜秋"的诗意,增添了月色湖光的幽美景色。为了继承和发扬中国园林风景的传统特点,在对风景区的品名上要求做到以下几点:

(1)要高度概括该处风景的特色。如桂林的"南天一柱"突出了独秀峰拔地超天、绀宇凌空的特色。桂林"叠彩清风"之叠彩是山名,形容此山层层叠翠如彩,山上有南北对穿的洞,暑夏洞中凉风习习,寒意清身,"叠彩清风"便具名副其实的特色。

(2)要含蓄韵深味浓、意境深、富于形象,充分表现中国园林诗情画意的特点。如"柳浪闻莺",柳丝依依,莺声啼啼,便有"千里啼莺绿映红"的诗情画意。"平湖秋月"的景名,唐时称"望湖亭",然似嫌乏味,后人改为"平湖秋月",因所处地理位置眺望湖面视野最辽阔,又当月夜,水平如镜,秋月映湖,分外皎洁,构成富于诗意的画面,"平湖秋月"的景名十分应景切题。又如桂林"象山水月",象山位于漓江滨,山下有洞,水、月、洞三者结合,景色奇幻,为此诗咏有"水底有明月,水上明月浮,水流月不去,月去水还流",借水月间回环往复之情意,十分令人留恋。有些景点提名"××胜景"、"××幽境"、"××风光"、"××奇迹"等,直接用"胜、幽、奇"等字眼,都无含蓄韵深可言,很不可取。

(3)要平易近人,雅俗共赏,不要用典太僻。如避暑山庄的"濠濮间想",若未看过《世说新语》,就使游人感觉莫名其妙。

(4)要虚实并举,组织完整。"虚"指意境,寓意于情,"实"称具体景观。如杭州"曲

院风荷"的曲院指景观,风荷是园中"遥之十里荷香"的意境。"断桥残雪",由于白堤到此而断,冬季积雪初融,夹峰玉树琼林,雪景妙绝,"断"与"残"情趣一致,互相烘托,甚为得体。桂林漓江"九马画山"也是虚实并举,画山是指漓江悬崖峭壁,高广30丈,壁面平直如削,面面纹彩,错综成章,似画马如卧如立,或俯或仰,形象栩栩如生,耐人寻味。

景名的取材,可以是自然山水,如阳朔的"白沙观莲";可以是动植物,如"花港观鱼";可以借声音,如杭州的"南屏晚钟"、"柳浪闻莺";也有的是混合题材,如避暑山庄的"梨花伴月"等。

第九章　园林绿地规划的设计程序、制图画法及平面图例

第一节　园林绿地规划的设计程序

园林绿地规划设计程序,是指要建造一个公园、花园或一块绿地之前,设计者根据设计要求及当地的具体情况,把要建造的这个公园、花园或这块绿地的想法,通过各种图纸及简要说明把它表示出来,使大家知道这个公园、花园或这块绿地将要建成什么样的,以及施工人员根据这些图纸及其说明,可以把这个公园、花园或这块绿地建造出来。这样的一系列规划设计工作的进行过程,我们称之为园林绿地规划设计程序。

整个程序可能简单,由很少的步骤就可以完成,如小庭园、道路绿化设计等;也可能是较复杂的,要分几个阶段才能完成,如风景区和市、区级综合性公园等。一般来说,一块附属于其他部分的绿地,设计程序较简单,如居住区绿地、街道绿地等,在完成其余建筑、道路设计的基础上进行绿化种植设计就可以了,但要建造一个独立的公园就比较复杂。现简要地介绍独立建设一块园林绿地的规划设计程序。

一、收集和调查设计的有关资料

在做规划设计时,首先必须对建设地区的自然条件及周围的环境和城市规划的有关资料进行收集调查,并要做深入地研究。内容包括本地区范围内的地形地貌,土壤地质,原有建筑设施,树木生长情况等;地上地下水流、管线以及其他公用设施;建设所需要的材料、资金、施工力量、施工条件等。

二、编制设计任务书

这是设计的前期阶段,根据确定的建设任务初步设想,提出建设任务的方案。任务书要说明建设的要求与目的,建设的内容项目,设计、施工技术的可能情况。设计任务书是确定建设项目和编制设计文件的主要依据。按规定,没有批准的设计任务书,设计单位不能进行设计。

三、初步设计阶段

根据领导批准或委托单位提出的设计任务书,进行公园的具体设计工作。初步设计工作包括图纸和文字材料,主要内容如下。

(一)设计说明书

设计说明书说明建设方案的规划设计思想和建设规模、总体布置中有关设施的主要

技术指标、建设征用土地范围、数量、面积、建设条件与日期等。

（二）设计图纸

（1）地理位置图：原有地形图或测量图，要准确标示出在区域内的位置。比例尺为 1∶5 000 或 1∶10 000。

（2）总体规划设计图：比例尺为 1∶500 或 1∶（1 000～2 000）。

（3）地形设计图：比例尺为 1∶200 或 1∶（500～1 000）。

（4）道路、给水、排水、用电管线布置图。

（5）全园鸟瞰图、建筑物的立面图、透视图。

（6）种植规划设计图。

（三）建设概算

（1）园林土建工程概算（工程名称、构造情况、造价、用料量）。

（2）园林绿化工程概算。

初步设计完成后，要由建设单位报有关部门审核批准。

四、技术设计阶段

技术设计是根据已批准的初步设计编制的，技术设计所需研究和决定的问题与初步设计相同，不过是更精确地进行规划设计。

（一）图纸

（1）绘制总平面图：比例尺为 1∶（200～1 000）。

（2）绘制纵横剖面图：比例尺同上。

（3）给水、排水、用电管网设计图：比例尺为 1∶（50～200）。

（4）建筑物的建筑设计图：比例尺为 1∶（50～200）。

（5）堆叠山石布置图。

（6）各种建设小品构件、灯、座凳、栏杆、挡土墙等的设计图：比例尺为 1∶（20～100）。

（7）种植设计图（名称、规格、数量）：比例尺为 1∶（200～500）。

技术设计的图纸要求精准，能满足施工要求。

（二）编制建设工程预算

1. 预算的作用

（1）为签订施工合同、控制造价、拨付工程款的依据。

（2）施工单位进行施工的劳力安排，购置各种材料的依据。

（3）检查工程进度、分析工程成本的依据。

（4）实行工程总包的依据。

2. 预算费用

预算费用通常分为直接费用（包括人工、材料、机械、运输等）和间接管理费（按直接费用的百分比计算）。

150

第二节　园林绿地规划的制图画法

一、画稿线

任何工程图样的绘制均分两个步骤来完成。第一步就是用较硬的铅笔以极轻细的线条画出图样的稿线。

图纸在图板上安置的位置要尽量靠近左边,图纸下边至图板边沿留出丁字尺身的位置。图纸上最好覆盖一张白纸或塑料薄膜,画时露出工作部分。

铅笔稿线决定图样的正确性及精确度,细小的错误或误差都会反映到描墨图样上,而影响图纸的质量。发现错误应该立即修改,以免遗忘。

稿线绘制步骤:先画图框、图标,然后逐栏绘制,一栏没有完成不应该进行下一栏。先画图形的轴线或中心线,其次画主要轮廓,然后转入细部,图形全部完成后再标注尺寸。

二、上墨步骤及方法

有保存价值的图样一般均需要上墨。上墨的图样整齐清洁,能经久保持明显性。上墨时除应该正确使用工具和仪器外,主要是要正确地控制线型、线条连接及字体尺寸箭头的整齐端正。

按正确的上墨步骤工作,可以缩短绘图时间,且不易造成错误。上墨次序一般如下:

（1）中心线及轴线。

（2）粗实线。次序为非圆弧曲线、圆及圆弧、水平线（自上依次而下）、垂直线（自左依次而右）、倾斜线。

（3）虚线。次序与粗实线相同。

（4）细实线。

（5）尺寸数字、尺寸箭头。

（6）图框线及标题栏（有的单位常统一印制好框栏）。

上墨过程中工具每次使用完毕后应该擦净余墨,以免积成墨垢。

三、尺寸标准

生产图纸除了画出各部分形状外,还必须准确、详尽和清晰地标注尺寸,以确定其大小,作为施工的依据。

尺寸由尺寸线、尺寸界线、尺寸起止点的45°短划和尺寸数字四部分组成。尺寸线和尺寸界线在相交处都各自延长2～3 mm。最外边的尺寸线,应该接近所指部分。中间的尺寸界线可画成短线。尺寸线应该平行于所需要表明的长度。尺寸线与尺寸线相距5～10 mm,尺寸界线垂直于所注的轮廓线。

国标规定,各种设计图上标注的尺寸,除标高及总平面图以米（m）为单位外,其余一律以毫米（mm）为单位。因此,设计图中尺寸数字除特别注明以外,凡不注写单位的都是毫米（mm）。

标注半径、直径和角度,用箭头表示,R 表示半径,D 表示直径。角度数字一律水平书写。

第三节　园林绿地规划平面图例

一、平面图

用平面表示地面作业的图,称平面图。在园林设计中,需要反映出建筑平面的轮廓,堆山、挖湖的位置,道路、园桥、墙、花坛等的位置和轮廓,树木栽植的地点和树冠的投影等。

二、平面图例

在平面图中用物体的水平投影表现物体的形态,这种用以表现某类物体形态而画的平面投影就称平面图例。在园林绿化中常用的平面图例见图 9-1 ~ 图 9-16。

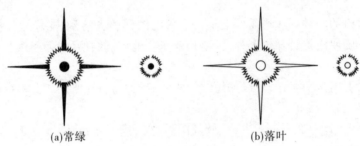

(a)常绿　　　　　　　　　　(b)落叶

图 9-1　针叶树

(a)常绿　　　　　　　　　　(b)落叶

图 9-2　阔叶树

(a)常绿　　　　　　　　　　(b)落叶

图 9-3　灌木丛

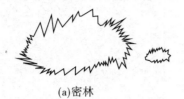
(a)密林

(b)疏林

图9-4 针叶树丛(林)

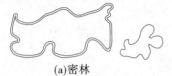
(a)密林

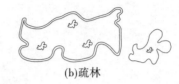
(b)疏林

图9-5 阔叶树林

图9-6 竹林(丛)

(a)常绿

(b)落叶

图9-7 藤本植物

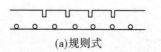
(a)规则式   (b)自然式

图9-8 绿篱

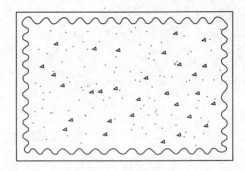

图9-9 花架

图9-10 花坛

图9-11 花带

图9-12 花境

154

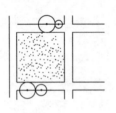

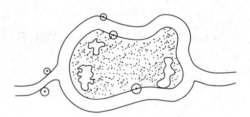

(a)规则式

(b)自然式

图9-13 草地(坪)

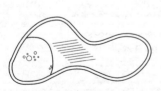

图9-14 水生植物

图9-15 山石

图9-16 步石

附录1　国家重点风景名胜区（附国家级旅游度假区）分布表

省份	第一批	第二批	第三批	第四批	第五批	第六批	第七批	小计	度假区
北京	1			1				2	
上海								0	1
天津			1					1	
重庆	2	1	1	1	1			6	
浙江	4	3	4	3	2	1	1	18	1
江苏	2	2			1			5	2
江西	2	2		2	2	3	1	12	
安徽	3	1	1	3	1	1		10	
福建	1	3	5	2	2		3	16	2
广东	1	2		2	2		1	8	1
广西	1	2						3	1
海南			1					1	1
湖南	1	2	1	2	2	2	5	15	
湖北	2	1	2	1				6	
河南	3		1	1	1	2	2	10	
河北	2	2	1	2				7	
山东	2	1		2				5	1
山西	2		2					4	
辽宁	1	4	2					9	1
吉林		2		2				4	
黑龙江	2						1	3	
云南	3	3	4	1	2			13	1
贵州	1	4	3		4	1	5	18	
四川	4	2	2	2	4			14	
陕西	2	1	1	1	1			6	
甘肃	1		2					3	
内蒙古				1				1	
宁夏		1						1	
新疆	1			1	1			3	
青海			1					1	
西藏		1					2	3	
合计	44	40	35	32	26	10	21	208	12

国家级旅游度假区名单(12)	1.北海银滩旅游度假区　2.杭州之江旅游度假区　3.三亚亚龙湾旅游度假区 4.上海佘山旅游度假区　5.广州南湖旅游度假区　6.大连金石滩旅游度假区 7.无锡太湖旅游度假区　8.苏州太湖旅游度假区　9.青岛石老人旅游度假区 10.昆明滇池旅游度假区　11.福建武夷山旅游度假区　12.福建湄洲岛旅游度假区

附录2　国家地质公园一览表(6批218家)

序号	公园名称	面积 (km²)	主要特征	公布时间 (年·月)	省份
1	云南石林国家地质公园	400	岩溶地质地貌	2001.4	云南
2	云南澄江国家地质公园	18	古生物化石	2001.4	云南
3	张家界砂岩峰林国家地质公园	3 600	砂岩峰林、岩溶地质地貌	2001.4	湖南
4	嵩山国家地质公园	450	地质(含构造)剖面	2001.4	河南
5	庐山世界地质公园	500	地质地貌、地质剖面	2001.4	江西
6	龙虎山国家地质公园	380	丹霞地质地貌	2001.4	江西
7	五大连池国家地质公园	1 060	火山岩地貌	2001.4	黑龙江
8	自贡恐龙国家地质公园	8.7	古生物化石	2001.4	四川
9	龙门山国家地质公园	1 900	巨大推复构造	2001.4	四川
10	翠华山国家地质公园	32	山崩地质遗迹	2001.4	陕西
11	漳州滨海火山国家地质公园	318.64	滨海火山岩	2001.4	福建
12	黄山国家地质公园	1 200	中生代花岗岩地貌	2002.3	安徽
13	齐云山国家地质公园	110	丹霞地貌	2002.3	安徽
14	八公山国家地质公园	120	古生物化石	2002.3	安徽
15	浮山国家地质公园	76.69	火山地貌	2002.3	安徽
16	敦煌雅丹国家地质公园	398	雅丹地貌	2002.3	甘肃
17	刘家峡恐龙国家地质公园	15	恐龙化石和足印	2002.3	甘肃
18	克什克腾国家地质公园	5 000	花岗岩峰林地貌	2002.3	内蒙古
19	腾冲国家地质公园	100	近代火山地貌	2002.3	云南
20	广东丹霞山国家地质公园	290	丹霞地貌	2002.3	广东
21	海螺沟国家地质公园	200	现代低海拔冰川	2002.3	四川
22	大渡河峡谷国家地质公园	404	玄武岩地质地貌	2002.3	四川
23	安县国家地质公园	508	深水硅质海绵礁地貌	2002.3	四川
24	大金湖国家地质公园	215.2	湖上丹霞地貌	2002.3	福建
25	云台山国家地质公园	190	丹霞地貌	2002.3	河南
26	内乡宝天曼国家地质公园	1 087.5	变质岩结构	2002.3	河南
27	嘉荫恐龙国家地质公园	38.44	晚白垩世恐龙化石	2002.3	黑龙江
28	北京石花洞国家地质公园	36.5	石灰岩岩溶洞穴	2002.3	北京
29	北京延庆硅化木国家地质公园	226	硅化木化石	2002.3	北京

序号	公园名称	面积（km²）	主要特征	公布时间（年·月）	省份
30	常山国家地质公园	82	达瑞威尔阶全球层型剖面	2002.3	浙江
31	临海国家地质公园	166	白垩纪火山岩	2002.3	浙江
32	涞源白石山国家地质公园	60	白云质大理岩构造峰林	2002.3	河北
33	秦皇岛柳江国家地质公园	650	古生物化石	2002.3	河北
34	阜平天生桥国家地质公园	50	地质遗迹、冰川地貌	2002.3	河北
35	黄河壶口瀑布国家地质公园	30	侵蚀型、潜伏式黄色瀑布	2002.3	山西
36	熊耳山国家地质公园	98	灰岩岩溶地貌	2002.3	山东
37	山旺国家地质公园	13	古生物化石	2002.3	山东
38	洛川黄土国家地质公园	5.9	黄土标准剖面、黄土地貌	2002.3	陕西
39	西藏易贡国家地质公园	2 160	巨型山体崩塌地质遗迹	2002.3	西藏
40	郴州飞天山国家地质公园	110	丹霞地貌和喀斯特溶洞	2002.3	湖南
41	崀山国家地质公园	108	丹霞地貌	2002.3	湖南
42	姿源国家地质公园	125	丹霞地貌	2002.3	广西
43	蓟县国家地质公园	9	中上元古界地层剖面	2002.3	天津
44	湛江湖光岩国家地质公园	22	火山地貌	2002.3	广东
45	王屋山国家地质公园	263	裂谷构造	2004.2	河南
46	九寨沟国家地质公园	728.3	"层湖叠瀑"景观	2004.2	四川
47	雁荡山国家地质公园	450	火山地质遗址	2004.2	浙江
48	黄龙国家地质公园	1 340	高寒岩溶地貌	2004.2	四川
49	朝阳古生物化石国家地质公园	207	古生物化石	2004.2	辽宁
50	百色乐业大石围天坑群国家地质公园	175	岩溶地貌天坑群喀斯特景观	2004.2	广西
51	西峡伏牛山国家地质公园	338	恐龙蛋集中产地	2004.2	河南
52	关岭化石群国家地质公园	200	古生物群小凹地质走廊	2004.2	贵州
53	北海涠周岛火山国家地质公园	24.74	火山古地震海洋风暴遗迹	2004.2	广西
54	嵖岈山国家地质公园	148	花岗岩地貌	2004.2	河南
55	新昌硅化木国家地质公园	68.76	硅化木群、丹霞地貌、火山凝灰岩	2004.2	浙江
56	云南禄丰恐龙国家地质公园	170	恐龙化石埋藏遗址	2004.2	云南
57	布尔津喀纳斯湖国家地质公园	1 298	第四纪冰川	2004.2	新疆

序号	公园名称	面积 （km²）	主要特征	公布时间 （年·月）	省份
58	晋江深沪湾国家地质公园	68	海底森林、海蚀地貌	2004.2	福建
59	玉龙黎明—老君山国家地质公园	1 110	高山丹霞地貌、冰川遗迹	2004.2	云南
60	祁门牯牛降国家地质公园	67	花岗岩地质遗迹	2004.2	安徽
61	景泰黄河石石林国家地质公园	50	雅丹和丹霞地貌	2004.2	甘肃
62	北京十渡国家地质公园	301	喀斯特岩溶地貌	2004.2	北京
63	兴义国家地质公园	350	喀斯特锥峰岩溶地貌	2004.2	贵州
64	兴文石海国家地质公园	70	岩溶地貌、古生物化石	2004.2	四川
65	重庆武隆岩溶国家地质公园	454.7	岩溶地貌、天坑地缝	2004.2	重庆
66	阿尔山国家地质公园	814	火山地貌和温泉	2004.2	内蒙古
67	福鼎太姥山国家地质公园	200	火山海蚀地貌	2004.2	福建
68	尖扎坎布拉国家地质公园	154	丹霞地貌	2004.2	青海
69	赞皇嶂石岩国家地质公园	43.5	嶂石岩地貌	2004.2	河北
70	涞水野三坡国家地质公园	258	构造—冲蚀嶂谷地貌	2004.2	河北
71	平凉崆峒山国家地质公园	84	丹霞地貌	2004.2	甘肃
72	奇台硅化木—恐龙国家地质公园	492	硅化木及恐龙化石遗迹、雅丹地貌	2004.2	新疆
73	长江三峡国家地质公园	25 000	河流、岩溶、地层	2004.2	重庆、 湖北
74	海口石山火山群国家地质公园	108	火山、岩溶隧道	2004.2	海南
75	苏州太湖西山国家地质公园	83	古生物遗迹、岩溶地貌	2004.2	江苏
76	宁夏西吉火石寨国家地质公园	97.95	丹霞地貌、地质遗迹	2004.2	宁夏
77	靖宇火山矿泉群国家地质公园	382.78	火山温泉	2004.2	吉林
78	宁化天鹅洞群国家地质公园	248	喀斯特地貌	2004.2	福建
79	东营黄河三角洲国家地质公园	520	河流三角洲地貌	2004.2	山东
80	贵州织金洞国家地质公园	307	岩溶地貌	2004.2	贵州
81	佛山西樵山国家地质公园	177	锥状火山地貌	2004.2	广东
82	绥阳双河洞国家地质公园	318.6	喀斯特洞穴	2004.2	贵州
83	伊春花岗岩石林国家地质公园	163.57	印支期花岗岩石林地质遗迹	2004.2	黑龙江
84	黔江小南海国家地质公园	2.87	地震灾害遗迹、岩溶地貌	2004.2	重庆
85	阳春凌宵岩国家地质公园	365	岩溶地貌地层及构造遗迹	2004.2	广东

序号	公园名称	面积（km²）	主要特征	公布时间（年·月）	省份
86	河北临城国家地质公园	298	岩溶洞穴	2005.8	河北
87	武安国家地质公园	412	石英砂岩峡谷峰林景观	2005.8	河北
88	阿拉善沙漠国家地质公园	938.39	沙漠戈壁地貌	2005.8	内蒙古
89	壶关太行山大峡谷国家地质公园	58.48	中元古生界地层结构	2005.8	山西
90	宁武万年冰洞国家地质公园		第四纪冰川遗址	2005.8	山西
91	五台山国家地质公园	592	第四纪冰川冰缘地貌	2005.8	山西
92	镜泊湖国家地质公园	1 400	火山熔岩堰塞湖	2005.8	黑龙江
93	兴凯湖国家地质公园	2 900	近代火山群	2005.8	黑龙江
94	本溪国家地质公园	102.9	岩溶地貌标准地层剖面	2005.8	辽宁
95	大连冰峪国家地质公园	170	石英岩峰林地貌	2005.8	辽宁
96	大连国家地质公园	350.89	海蚀地貌、黄渤海自然分界线	2005.8	辽宁
97	延川黄河蛇曲国家地质公园	170.5	河曲曲流地貌景观	2005.8	陕西
98	青海互助嘉定国家地质公园		岩溶冰川丹霞峡谷等地质遗迹	2005.8	青海
99	久治年宝玉则国家地质公园	800	冰蚀冰碛地貌及现代冰川	2005.8	青海
100	青海昆仑山国家地质公园	2 386	古冰川遗址、地震断裂带	2005.8	青海
101	富蕴可可托海国家地质公园	619	断裂带地震遗迹、花岗岩	2005.8	新疆
102	大理苍山国家地质公园	557.1	第四纪末次冰期遗址	2005.8	云南
103	四川华蓥山国家地质公园	116	中低山岩溶地质构造剖面	2005.8	四川
104	四川江油国家地质公园	116	岩溶化砾岩丹霞地貌	2005.8	四川
105	射洪硅化木国家地质公园	12	硅化木及恐龙化石遗迹	2005.8	四川
106	四姑娘山国家地质公园	490	第四纪冰川及高山山岳地貌	2005.8	四川
107	云阳龙缸国家地质公园	296	岩溶天坑及流水地貌	2005.8	重庆
108	六盘水乌蒙山国家地质公园	338	喀斯特地貌及古生物遗迹	2005.8	贵州
109	贵州平塘国家地质公园	350	可溶碳酸盐岩溶地貌	2005.8	贵州
110	札达土林国家地质公园	457.12	新近系地层风化土林地貌	2005.8	西藏
111	大别山（六安）地质公园	393.5	花岗岩地质地貌	2005.8	安徽
112	天柱山国家地质公园	135.12	花岗岩及超高压变质遗址	2005.8	安徽
113	长山列岛国家地质公园	56.08	黄土地貌及玄武岩分布	2005.8	山东
114	沂蒙山国家地质公园	450	地质（含构造）地貌遗迹	2005.8	山东

序号	公园名称	面积（km²）	主要特征	公布时间（年·月）	省份
115	泰山国家地质公园	15 866	寒武纪、新构造运动地质地貌	2005.8	山东
116	南京市六合国家地质公园	92	火山口、石柱林、雨花石遗址	2005.8	江苏
117	崇明长江三角洲国家地质公园	145	沉积地貌、滩涂湿地	2005.8	上海
118	德化石牛山国家地质公园	86.82	火山岩、潜火山岩及火山构造	2005.8	福建
119	屏南白水洋国家地质公园	77.34	平底基岩河床遗址	2005.8	福建
120	永安桃源洞国家地质公园	220	丹霞地貌和岩溶地貌	2005.8	福建
121	三清山国家地质公园	229.5	花岗岩峰林地貌	2005.8	江西
122	武功山国家地质公园	164.3	花岗岩地质剖面	2005.8	江西
123	关山国家地质公园	169	石柱林、红石峡地质地膜	2005.8	河南
124	黄河国家地质公园	64.2	黄土、黄河及黄河文化	2005.8	河南
125	洛宁神灵寨国家地质公园	53	花岗岩石瀑群	2005.8	河南
126	洛阳黛眉山国家地质公园	328	沉积构造遗迹	2005.8	河南
127	信阳金刚台国家地质公园	138	火山岩和花岗岩	2005.8	河南
128	凤凰国家地质公园	157	台地峡谷型岩溶地貌	2005.8	湖南
129	古丈红石林国家地质公园	10	红石林喀斯特地貌	2005.8	湖南
130	酒埠红国家地质公园	193	岩溶地貌	2005.8	湖南
131	木兰山山国家地质公园	340	双模式火山岩、火山弹地貌	2005.8	湖北
132	神农架国家地质公园	1 700	动植物资源、天然林生态	2005.8	湖北
133	郧县恐龙蛋化石群国家地质公园	4.2	恐龙蛋化石群	2005.8	湖北
134	恩平地热国家地质公园	80	地热温泉、花岗石阵	2005.8	广东
135	封开国家地质公园	117	大斑石、砂页岩、石灰岩	2005.8	广东
136	深圳大鹏半岛国家地质公园	150	古火山遗迹及海岸地貌	2005.8	广东
137	凤山国家地质公园	930	高峰丛地貌、动植物多样性	2005.8	广西
138	鹿寨香桥喀斯特生态国家地质公园	139	喀斯特地貌	2005.8	广西
139	长白山火山国家地质公园	8 000	火山群、溶岩台地	2009.8	吉林
140	丽江玉龙雪山国家地质公园	340	冰川遗迹、构造山地	2009.8	云南
141	天山天池国家地质公园	526	现代冰川、高山湖泊	2009.8	新疆
142	武当山国家地质公园	312	古生代千枚岩、板岩、片岩	2009.8	湖北

序号	公园名称	面积（km²）	主要特征	公布时间（年·月）	省份
143	诸城恐龙国家地质公园	1 500	恐龙化石群	2009.8	山东
144	池州九华山国家地质公园	174	岗岩石、盆地峡谷地貌	2009.8	安徽
145	九乡峡谷洞穴国家地质公园	53.36	洞穴群景观遗址	2009.8	云南
146	二连浩特国家地质公园	134	白垩纪恐龙化石	2009.8	内蒙古
147	库车大峡谷国家地质公园	200	天池、峡谷	2009.8	新疆
148	连城冠豸山国家地质公园	104.67	早期单斜式丹霞地貌	2009.8	福建
149	黔东南苗岭国家地质公园	850	古生物化石、喀斯特地貌	2009.8	贵州
150	灵武国家地质公园	16.6	恐龙化石遗址	2009.8	宁夏
151	大巴山国家地质公园	260.5	岩溶地貌、巴人文化	2009.8	四川
152	思南乌江喀斯特国家地质公园	202.99	喀斯特地貌	2009.8	贵州
153	乌龙山国家地质公园	200	南方裸露型岩溶地质地貌	2009.8	湖南
154	和政古生物化石国家地质公园	700	古生物化石	2009.8	甘肃
155	大化七百弄国家地质公园	486	高峰丛、深洼地地质遗迹	2009.8	广西
156	光雾山、诺水河国家地质公园	250	喀斯特地貌	2009.8	四川
157	江宁汤山方山国家地质公园	38.4	新近纪火山地貌景观	2009.8	江苏
158	宁城国家地质公园	339.54	中山代地层古生物化石	2009.8	内蒙古
159	万盛国家地质公园	111	奥陶纪地质奇观	2009.8	重庆
160	羊八井国家地质公园	2 500	地热资源与高原气候	2009.8	西藏
161	商南金丝峡国家地质公园	20	石灰岩嶂谷地貌	2009.8	陕西
162	桂平国家地质公园	240	丹霞地貌	2009.8	广西
163	青州国家地质公园	100	岩溶地质地貌遗迹	2009.8	山东
164	兴隆国家地质公园	187.2	岩溶洞穴及长城、摩崖石刻	2009.8	河北
165	密云云蒙山国家地质公园	280	变质核杂岩构造、花岗岩地貌	2009.8	北京
166	白云山国家地质公园	81.37	晶洞碱长花岗岩火山岩地貌	2009.8	福建
167	阳山国家地质公园	183	岩溶与花岗岩地貌	2009.8	广东
168	湄江国家地质公园	128	低山岩溶地貌	2009.8	湖南
169	迁安－迁西国家地质公园	64.57	华北奥陶系标准剖面	2009.8	河北
170	大别山（黄冈）国家地质公园	955	花岗岩地质地貌	2009.8	湖北
171	天水麦积山国家地质公园	366	丹霞及花岗岩地貌	2009.8	甘肃
172	小秦岭国家地质公园	177.06	变质核杂岩及伸展拆离构造	2009.8	河南

序号	公园名称	面积（km²）	主要特征	公布时间（年·月）	省份
173	贵德国家地质公园	554	峰丛、风蚀地貌及河谷景观	2009.8	青海
174	平谷黄松峪国家地质公园	64.4	砂岩峰丛、峰林地貌	2009.8	北京
175	红旗渠·林虑山国家地质公园	317.38	峡谷地貌、地质工程景观	2009.8	河南
176	陵川王莽岭国家地质公园	117.33	岩溶景观、峡谷地貌	2009.8	山西
177	綦江木化石—恐龙国家地质公园	108	木化石群恐龙化石、丹霞地貌	2009.8	重庆
178	伊春小兴安岭国家地质公园	163.57	花岗岩石林地质遗迹	2009.8	黑龙江
179	岚皋南宫山国家地质公园	108	火山岩地质遗迹	2009.8	陕西
180	乾安泥林国家地质公园	58	古生物化石	2009.8	吉林
181	大同火山群国家地质公园	180	第四纪火山群	2009.8	山西
182	凤阳韭山国家地质公园	55	密网状岩溶构造地貌	2009.8	安徽
183	罗平生物群国家地质公园	60	三叠纪海洋生物化石群	2011.11	云南
184	尧山国家地质公园	156.21	花岗岩地貌	2011.11	河南
185	汝阳恐龙国家地质公园	87.05	恐龙化石群、古生物景观	2011.11	河南
186	莱阳白垩纪国家地质公园	4	白垩纪地质剖面、恐龙化石群	2011.11	山东
187	吐鲁番火焰山国家地质公园	290	单斜、土林、峡谷、丹霞地貌	2011.11	新疆
188	张掖丹霞国家地质公园	300	丹霞地貌	2011.11	甘肃
189	温宿盐丘国家地质公园	393.6	奥奇克葫芦状盐丘底劈构造	2011.11	新疆
190	沂源鲁山地质公园	26.7	溶洞群地质地貌	2011.11	山东
191	泸西阿庐国家地质公园	6.8	岩溶洞穴和岩溶地貌景观	2011.11	云南
192	宜州水上石林国家地质公园	114.7	岩溶洞穴地貌景观	2011.11	广西
193	炳灵丹霞地貌国家地质公园	26.64	白垩纪丹霞地貌	2011.11	甘肃
194	五峰国家地质公园	1 000	古生代及中生代岩溶地貌	2011.11	湖北
195	平顺天脊山国家地质公园	174	岩溶洞穴遗迹、寒武系剖面	2011.11	山西
196	赤水丹霞国家地质公园	273.64	丹霞地质地貌	2011.11	贵州
197	青海湖国家地质公园	292.8	高原内陆湖泊	2011.11	青海
198	承德丹霞地貌国家地质公园	48.76	丹霞地貌及古生物群景观	2011.11	河北
199	邢台峡谷群国家地质公园	271	峡谷地貌	2011.11	河北
200	柞水溶洞国家地质公园	140	溶洞峰丛群	2011.11	陕西
201	抚松国家地质公园	235.68	火山、矿泉、温泉、岩溶地貌	2011.11	吉林

城市园林绿化规划设计

序号	公园名称	面积（km²）	主要特征	公布时间（年·月）	省份
202	平和灵通山国家地质公园	15	火山峰丛地貌	2011.11	福建
203	永和黄河蛇曲国家地质公园	152.64	河谷阶地峡谷地貌	2011.11	山西
204	巴彦淖尔国家地质公园	191.08	恐龙化石、花岗岩石林	2011.11	内蒙古
205	平江石牛寨国家地质公园	60	丹霞地貌及兵寨文化	2011.11	湖南
206	酉阳国家地质公园	113.5	岩溶峰丛峡谷地貌	2011.11	重庆
207	鄂尔多斯国家地质公园	394.2	"河套人"化石和第四纪地层剖面	2011.11	内蒙古
208	青川地震遗迹国家地质公园	61	溶洞群、生物多样性及地震遗址	2011.11	四川
209	政和佛子山国家地质公园	146.24	中生代火山岩带	2011.11	福建
210	广德太极洞国家地质公园	31	岩溶地貌景观	2011.11	安徽
211	咸宁九宫山—温泉国家地质公园	196	海相沉积变质岩	2011.11	湖北
212	凤凰山国家地质公园	500	高山湿地、雪原峡谷	2011.11	黑龙江
213	耀州照金丹霞国家地质公园	60.8	南北方过渡地带丹霞景观	2011.11	陕西
214	浦北五皇山国家地质公园	40	花岗岩石蛋地貌	2011.11	广西
215	绵竹清平—汉旺国家地质公园		地震遗址	2011.11	四川
216	丫山国家地质公园	25	喀斯特地貌	2011.11	安徽
217	玛沁阿尼玛卿山国家地质公园		冰川运动地质遗迹	2011.11	青海
218	浏阳大围山国家地质公园	193	冰川地貌及生物多样性	2011.11	湖南

城市园林绿化规划设计

163

附录3 世界文化与自然遗产一览表

序号	遗产名称	公布时间（年·月）	分布地域
1	周口店北京人遗址	1987.12	北京市房山区周口店龙骨山
2	甘肃敦煌莫高窟	1987.12	甘肃敦煌市东南25 km的鸣沙山东麓崖壁上
3	山东泰山	1987.12	山东省泰安市
4	中国长城	1987.12	中国西北
5	陕西秦始皇陵及兵马俑	1987.12	陕西临潼县城东5 km，距西安36 km
6	北京故宫	1987.12	北京市区中心
7	安徽黄山	1990.12	安徽省黄山市
8	四川黄龙	1992.12	四川省阿坝藏族羌族自治州松潘县境内
9	湖南武陵源	1992.12	湖南省张家界市
10	四川九寨沟	1992.12	四川省阿坝藏族羌族自治州南坪县境内
11	湖北武当山	1994.12	湖北省十堰市境内
12	山东曲阜的孔庙、孔府及孔林	1994.12	山东省曲阜市
13	河北承德避暑山庄及周围寺庙	1994.12	河北省承德市中心北部
14	西藏布达拉宫	1994.12	西藏自治区拉萨市西北的玛布日山上
15	四川峨眉山及乐山风景名胜区	1996.12	四川省峨眉山市
16	江西庐山风景名胜区	1996.12	江西省九江市
17	苏州古典园林	1997.12	江苏省苏州市区中心
18	山西平遥古城	1997.12	山西省平遥县城
19	云南丽江古城	1997.12	云南省丽江市老城区
20	北京天坛	1998.11	北京市区南端
21	北京颐和园	1998.11	北京西郊的西山脚下
22	福建武夷山	1999.12	福建省武夷山市
23	重庆大足石刻	1999.12	重庆市大足县境内
24	安徽古村落：西递、宏村	2000.11	安徽省黄山市（黄山南麓南和黟县城西北角）
25	明清皇家陵寝	2000.11	明显陵（湖北钟祥市）、清东陵（河北遵化市）、清西陵（河北易县）
26	河南洛阳龙门石窟	2000.11	河南省洛阳市东南伊水两岸的崖壁上
27	四川青城山和都江堰	2000.11	四川省都江堰市
28	山西云冈石窟	2001.12	山西省大同市

序号	遗产名称	公布时间（年·月）	分布地域
29	云南"三江并流"自然景观	2003.07	云南省西北部的山区
30	吉林高句丽王城、王陵及贵族墓葬	2004.07	吉林省集安市
31	澳门历史城区	2005.07	中国澳门旧城中心
32	中国安阳殷墟	2006.07	河南省安阳市区西北小屯村一带
33	四川大熊猫栖息地	2006.07	四川省成都市、雅安市、阿坝藏族羌族自治州、甘孜藏族自治州
34	中国南方喀斯特	2007.06	云南石林、贵州荔波和重庆武隆
35	开平碉楼与古村落	2007.06	广西壮族自治区开平市
36	福建土楼	2008.07	福建省永定县、南靖县、华安县
37	江西三清山风景名胜区	2008.07	江西省上饶市玉山县与德兴市交界处
38	山西五台山	2009.06	山西省忻州市

附录4　中国(大陆)优秀旅游城市一览表

所属省份及数量(座)	优秀旅游城市名单
北京(1)	北京市
天津(1)	天津市
上海(1)	上海市
重庆(1)	重庆市
浙江(27)	杭州市、宁波市、绍兴市、金华市、临安市、诸暨市、建德市、温州市、东阳市、桐乡市、湖州市、嘉兴市、临海市、温岭市、富阳市、海宁市、衢州市、舟山市、瑞安市、兰溪市、奉化市、台州市、江山市、余姚市、义乌市、乐清市、丽水市
江苏(28)	南京市、无锡市、扬州市、苏州市、镇江市、徐州市、昆山市、江阴市、吴江市、宜兴市、常熟市、句容市、吴县市、常州市、南通市、连云港市、溧阳市、淮安市、盐城市、张家港市、太仓市、如皋市、金坛市、东台市、邳州市、泰州市、宿迁市、大丰市
山东(35)	济南市、青岛市、威海市、烟台市、泰安市、曲阜市、淄博市、蓬莱市、文登市、荣城市、胶南市、青州市、潍坊市、聊城市、日照市、乳山市、临沂市、济宁市、邹城市、寿光市、海阳市、龙口市、章丘市、莱芜市、德州市、新泰市、诸城市、即墨市、栖霞市、枣庄市、菏泽市、滨州市、东营市、莱州市、招远市
广东(21)	深圳市、广州市、珠海市、肇庆市、中山市、佛山市、江门市、汕头市、惠州市、南海市、韶关市、清远市、阳江市、东莞市、潮州市、湛江市、河源市、开平市、梅州市、茂名市、阳春市
广西(12)	桂林市、南宁市、北海市、柳州市、玉林市、梧州市、桂平市、钦州市、百色市、贺州市、凭祥市、宜州市
海南(5)	海口市、三亚市、琼山市、儋州市、琼海市
福建(8)	厦门市、武夷山市、福州市、泉州市、永安市、三明市、漳州市、长乐市
安徽(10)	黄山市、合肥市、亳州市、马鞍山市、安庆市、芜湖市、池州市、铜陵市、宣城市、淮南市
江西(9)	上饶市、井冈山市、南昌市、九江市、赣州市、鹰潭市、景德镇市、宜春市、吉安市
湖南(13)	长沙市、岳阳市、韶山市、常德市、张家界市、郴州市、资兴市、浏阳市、株洲市、湘潭市、益阳市、娄底市、衡阳市
湖北(12)	武汉市、宜昌市、十堰市、荆州市、襄阳市、荆门市、钟祥市、鄂州市、赤壁市、孝感市、恩施市、利川市
河南(27)	郑州市、开封市、濮阳市、济源市、登封市、洛阳市、三门峡市、安阳市、焦作市、鹤壁市、灵宝市、新郑市、许昌市、新乡市、商丘市、南阳市、禹州市、长葛市、舞钢市、平顶山市、信阳市、漯河市、驻马店市、周口市、沁阳市、巩义市、汝州市

所属省份及数量(座)	优秀旅游城市名单
河北(10)	秦皇岛市、承德市、石家庄市、涿州市、廊坊市、保定市、邯郸市、武安市、遵化市、唐山市
辽宁(18)	大连市、沈阳市、丹东市、鞍山市、抚顺市、本溪市、锦州市、葫芦岛市、辽阳市、兴城市、铁岭市、盘锦市、朝阳市、营口市、阜新市、庄河市、开原市、凤城市
吉林(7)	长春市、吉林市、蛟河市、集安市、延吉市、敦化市、桦甸市
黑龙江(11)	哈尔滨市、牡丹江市、伊春市、大庆市、阿城市、绥芬河市、齐齐哈尔市、铁力市、虎林市、黑河市、海林市
内蒙古(11)	包头市、锡林浩特市、呼和浩特市、呼伦贝尔市、满洲里市、扎兰屯市、赤峰市、阿尔山市、霍林郭勒市、通辽市、鄂尔多斯市
山西(5)	太原市、大同市、永济市、晋城市、长治市
陕西(6)	西安市、咸阳市、宝鸡市、延安市、韩城市、汉中市
甘肃(9)	敦煌市、嘉峪关市、天水市、兰州市、张掖市、武威市、酒泉市、平凉市、合作市
宁夏(1)	银川市
青海(2)	格尔木市、西宁市
四川(21)	成都市、峨眉市、都江堰市、乐山市、崇州市、绵阳市、广安市、自贡市、阆中市、宜宾市、泸州市、攀枝花市、雅安市、江油市、南充市、西昌市、华蓥市、邛崃市、德阳市、广元市、遂宁市
云南(7)	昆明市、景洪市、大理市、瑞丽市、潞西市、丽江市、保山市
贵州(7)	贵阳市、都匀市、凯里市、遵义市、安顺市、赤水市、兴义市
西藏(1)	拉萨市
新疆及建设兵团(13)	吐鲁番市、库尔勒市、乌鲁木齐市、喀什市、克拉玛依市、哈密市、阿克苏市、伊宁市、阿勒泰市、昌吉市、博乐市、阜康市、石河子市(新疆生产建设兵团)

城市园林绿化规划设计

167

附录5 国家森林公园分布一览表

所属省份及数量（家）	国家级森林公园名单
北京（15）	西山国家森林公园、上方山国家森林公园、蟒山国家森林公园、小龙门国家森林公园、云蒙山国家森林公园、鹫峰国家森林公园、大兴古桑国家森林公园、大杨山国家森林公园、霞云岭国家森林公园、黄松峪国家森林公园、北宫国家森林公园、八达岭国家森林公园、崎峰山国家森林公园、天门山国家森林公园、喇叭沟门国家森林公园
天津（1）	九龙山国家森林公园
上海（4）	佘山国家森林公园、东平国家森林公园、上海海湾国家森林公园、上海共青国家森林公园
重庆（24）	黄水国家森林公园、仙女山国家森林公园、茂云山国家森林公园、双桂山国家森林公园、小三峡国家森林公园、金佛山国家森林公园、黔江国家森林公园、青龙湖国家森林公园、梁平东山国家森林公园、武陵山国家森林公园、桥口坝国家森林公园、铁峰山国家森林公园、红池坝国家森林公园、雪宝山国家森林公园、玉龙山国家森林公园、黑山国家森林公园、歌乐山国家森林公园、茶山竹海国家森林公园、九重山国家森林公园、大园洞国家森林公园、重庆南山国家森林公园、观音峡国家森林公园、天池山国家森林公园、金银山国家森林公园
浙江（35）	千岛湖国家森林公园、大奇山国家森林公园、兰亭国家森林公园、香榧国家森林公园、午潮山国家森林公园、富春江国家森林公园、紫微山国家森林公园、天童国家森林公园、雁荡山国家森林公园、溪口国家森林公园、九龙山国家森林公园、双龙洞国家森林公园、华顶国家森林公园、青山湖国家森林公园、玉苍山国家森林公园、钱江源国家森林公园、铜铃山国家森林公园、竹乡国家森林公园、花岩国家森林公园、龙湾潭国家森林公园、遂昌国家森林公园、五泄国家森林公园、双峰国家森林公园、石门洞国家森林公园、四明山国家森林公园、仙霞国家森林公园、大溪国家森林公园、松阳卯山国家森林公园、牛头山国家森林公园、三衢国家森林公园、径山（山沟沟）国家森林公园、南山湖国家森林公园、大竹海国家森林公园、仙居国家森林公园、桐庐瑶琳国家森林公园
江苏（16）	高淳游子山国家森林公园、虞山国家森林公园、上方山国家森林公园、徐州环城国家森林公园、宜兴国家森林公园、宜兴龙背山国家森林公园、惠山－青山国家森林公园、东吴国家森林公园、云台山国家森林公园、盱眙第一山国家森林公园、镇江南山国家森林公园、镇江宝华山国家森林公园、西山国家森林公园、南京紫金山国家森林公园、铁山寺国家森林公园、大阳山国家森林公园

城市园林绿化规划设计

168

续表

所属省份及数量（家）	国家级森林公园名单
山东(36)	崂山国家森林公园、抱犊崮国家森林公园、黄河口国家森林公园、昆嵛山国家森林公园、长岛国家森林公园、沂山国家森林公园、尼山国家森林公园、泰山国家森林公园、徂徕山国家森林公园、鹤伴山国家森林公园、孟良崮国家森林公园、柳埠国家森林公园、刘公岛国家森林公园、槎山国家森林公园、药乡国家森林公园、原山国家森林公园、灵山湾国家森林公园、双岛国家森林公园、东阿黄河国家森林公园、蒙山国家森林公园、仰天山国家森林公园、伟德山国家森林公园、珠山国家森林公园、腊山国家森林公园、日照海滨国家森林公园、岠嵎山国家森林公园、牛山国家森林公园、鲁山国家森林公园、五莲山国家森林公园、莱芜华山国家森林公园、艾山国家森林公园、龙口南山国家森林公园、新泰莲花山国家森林公园、招虎山国家森林公园、牙山国家森林公园、寿阳山国家森林公园
广东(24)	梧桐山国家森林公园、万有国家森林公园、小坑国家森林公园、南澳海岛国家森林公园、东莞观音山国家森林公园、南岭国家森林公园、新丰江国家森林公园、韶关国家森林公园、东海岛国家森林公园、流溪河国家森林公园、南昆山国家森林公园、西樵山国家森林公园、石门国家森林公园、圭峰山国家森林公园、英德国家森林公园、广宁竹海国家森林公园、北峰山国家森林公园、大王山国家森林公园、神光山国家森林公园、御景峰国家森林公园、三岭山国家森林公园、雁鸣湖国家森林公园、天井山国家森林公园、大北山国家森林公园
广西(22)	猫儿山国家森林公园、冠头岭国家森林公园、桂林国家森林公园、良凤江国家森林公园、三门江国家森林公园、龙潭国家森林公园、大桂山国家森林公园、元宝山国家森林公园、八角寨国家森林公园、十万大山国家森林公园、龙胜温泉国家森林公园、姑婆山国家森林公园、大瑶山国家森林公园、黄猄洞天坑国家森林公园、飞龙湖国家森林公园、太平狮山国家森林公园、大容山国家森林公园、阳朔国家森林公园、九龙瀑布群国家森林公园、平天山国家森林公园、红茶沟国家森林公园、龙滩大峡谷国家森林公园
海南(8)	尖峰岭国家森林公园、蓝洋温泉国家森林公园、吊罗山国家森林公园、海口火山国家森林公园、七仙岭温泉国家森林公园、黎母山国家森林公园、海上国家森林公园、霸王岭国家森林公园
福建(25)	福州国家森林公园、天柱山国家森林公园、华安国家森林公园、猫儿山国家森林公园、龙岩国家森林公园、旗山国家森林公园、三元国家森林公园、灵石山国家森林公园、平坛海岛国家森林公园、东山国家森林公园、将乐天阶山国家森林公园、德化石牛山国家森林公园、厦门莲花国家森林公园、三明仙人谷国家森林公园、上杭国家森林公园、武夷山国家森林公园、乌山国家森林公园、漳平天台国家森林公园、王寿山国家森林公园、九龙谷国家森林公园、支提山国家森林公园、天星山国家森林公园、闽江源国家森林公园、九龙竹海国家森林公园、董奉山国家森林公园

169

所属省份及数量(家)	国家级森林公园名单
安徽(29)	黄山国家森林公园、琅琊山国家森林公园、天柱山国家森林公园、九华山国家森林公园、皇藏峪国家森林公园、徽州国家森林公园、大龙山国家森林公园、紫蓬山国家森林公园、皇甫山国家森林公园、天堂寨国家森林公园、鸡笼山国家森林公园、冶父山国家森林公园、太湖山国家森林公园、神山国家森林公园、妙道山国家森林公园、天井山国家森林公园、舜耕山国家森林公园、浮山国家森林公园、石莲洞国家森林公园、齐云山国家森林公园、韭山国家森林公园、横山国家森林公园、敬亭山国家森林公园、八公山国家森林公园、万佛山国家森林公园、青龙湾国家森林公园、水西国家森林公园、上窑国家森林公园、马仁山国家森林公园
江西(41)	三瓜仑国家森林公园、庐山山南国家森林公园、梅岭国家森林公园、三百山国家森林公园、马祖山国家森林公园、灵岩洞国家森林公园、明月山国家森林公园、翠微峰国家森林公园、天柱峰国家森林公园、泰和国家森林公园、鹅湖山国家森林公园、龟峰国家森林公园、上清国家森林公园、武功山国家森林公园、铜钹山国家森林公园、鄱阳湖口国家森林公园、三叠泉国家森林公园、阁皂山国家森林公园、永丰国家森林公园、梅关国家森林公园、阳岭国家森林公园、天花井国家森林公园、五指峰国家森林公园、柘林湖国家森林公园、陡水湖国家森林公园、万安国家森林公园、三湾国家森林公园、安源国家森林公园、九连山国家森林公园、岩泉国家森林公园、云碧峰国家森林公园、景德镇国家森林公园、瑶里国家森林公园、峰山国家森林公园、清凉山国家森林公园、九岭山国家森林公园、岑山国家森林公园、五府山国家森林公园、军峰山国家森林公园、碧湖潭国家森林公园、怀玉山国家森林公园
湖南(38)	张家界国家森林公园、神农谷国家森林公园、莽山国家森林公园、大围山国家森林公园、云山国家森林公园、九嶷山国家森林公园、阳明山国家森林公园、南华山国家森林公园、黄山头国家森林公园、桃花源国家森林公园、天门山国家森林公园、天际岭国家森林公园、天鹅山国家森林公园、舜皇山国家森林公园、东台山国家森林公园、夹山寺国家森林公园、不二门国家森林公园、河洑国家森林公园、岣嵝峰国家森林公园、大云山国家森林公园、花岩溪国家森林公园、大熊山国家森林公园、中坡国家森林公园、云阳国家森林公园、金洞国家森林公园、幕阜山国家森林公园、百里龙山国家森林公园、千家峒国家森林公园、两江峡谷国家森林公园、雪峰山国家森林公园、五尖山国家森林公园、桃江国家森林公园、蓝山国家森林公园、月岩国家森林公园、峰峦溪国家森林公园、罗溪国家森林公园、熊峰山国家森林公园、福音山国家森林公园
湖北(26)	九峰国家森林公园、鹿门寺国家森林公园、玉泉寺国家森林公园、大老岭国家森林公园、神农架国家森林公园、龙门河国家森林公园、大口国家森林公园、薤山国家森林公园、清江国家森林公园、大别山国家森林公园、柴埠溪国家森林公园、潜山国家森林公园、八岭山国家森林公园、淘水国家森林公园、太子山国家森林公园、三角山国家森林公园、中华山国家森林公园、红安天台山国家森林公园、坪坝营国家森林公园、吴家山国家森林公园、双峰山国家森林公园、千佛洞国家森林公园、大洪山国家森林公园、虎爪山国家森林公园、五脑山国家森林公园、沧浪山国家森林公园

所属省份及数量(家)	国家级森林公园名单
河南(27)	嵩山国家森林公园、寺山国家森林公园、风穴寺国家森林公园、石漫滩国家森林公园、薄山国家森林公园、开封国家森林公园、花果山国家森林公园、云台山国家森林公园、白云山国家森林公园、龙峪湾国家森林公园、五龙洞国家森林公园、南湾国家森林公园、甘山国家森林公园、淮河源国家森林公园、神灵寨国家森林公园、铜山湖国家森林公园、黄河故道国家森林公园、郁山国家森林公园、金兰山国家森林公园、玉皇山国家森林公园、嵖岈山国家森林公园、天池山国家森林公园、始祖山国家森林公园、黄柏山国家森林公园、燕子山国家森林公园、棠溪源国家森林公园、大鸿寨国家森林公园
河北(26)	海滨国家森林公园、塞罕坝国家森林公园、磐锤峰国家森林公园、金银滩国家森林公园、石佛国家森林公园、清东陵国家森林公园、辽河源国家森林公园、山海关国家森林公园、五岳寨国家森林公园、白草洼国家森林公园、天生桥国家森林公园、黄羊山国家森林公园、茅荆坝国家森林公园、响堂山国家森林公园、野三坡国家森林公园、六里坪国家森林公园、大茂山国家森林公园、白石山国家森林公园、武安国家森林公园、狼牙山国家森林公园、前南峪国家森林公园、驼梁山国家森林公园、木兰围场国家森林公园、蝎子沟国家森林公园、仙台山国家森林公园、丰宁国家森林公园
辽宁(30)	旅顺口国家森林公园、海棠山国家森林公园、大孤山国家森林公园、首山国家森林公园、凤凰山国家森林公园、桓仁国家森林公园、本溪国家森林公园、陨石山国家森林公园、天桥沟国家森林公园、盖州国家森林公园、元帅林国家森林公园、仙人洞国家森林公园、大连大赫山国家森林公园、长山群岛国家海岛森林公园、普兰店国家森林公园、大黑山国家森林公园、沈阳国家森林公园、金龙寺国家森林公园、本溪环城国家森林公园、冰砬山国家森林公园、猴石国家森林公园、千山仙人台国家森林公园、清原红河谷国家森林公园、大连天门山国家森林公园、三块石国家森林公园、章古台沙地国家森林公园、大连银石滩国家森林公园、大连西郊国家森林公园、医巫闾山国家森林公园、和睦国家森林公园
吉林(28)	净月潭国家森林公园、五女峰国家森林公园、龙湾群国家森林公园、白鸡峰国家森林公园、帽儿山国家森林公园、半拉山国家森林公园、三仙夹国家森林公园、大安国家森林公园、长白国家森林公园、临江国家森林公园、拉法山国家森林公园、图们江国家森林公园、朱雀山国家森林公园、图们江源国家森林公园、延边仙峰国家森林公园、官马莲花山国家森林公园、肇大鸡山国家森林公园、寒葱顶国家森林公园、满天星国家森林公园、吊水壶国家森林公园、露水河国家森林公园、通化石湖国家森林公园、红石国家森林公园、江源国家森林公园、鸡冠山国家森林公园、泉阳泉国家森林公园、白石山国家森林公园、松江河国家森林公园

所属省份及数量（家）	国家级森林公园名单
黑龙江（56）	牡丹峰国家森林公园、火山口国家森林公园、大亮子河国家森林公园、乌龙国家森林公园、哈尔滨国家森林公园、街津山国家森林公园、齐齐哈尔国家森林公园、北极村国家森林公园、长寿国家森林公园、大庆国家森林公园、一面坡国家森林公园、龙凤国家森林公园、金泉国家森林公园、乌苏里江国家森林公园、驿马山国家森林公园、三道关国家森林公园、绥芬河国家森林公园、五顶山国家森林公园、龙江三峡国家森林公园、茅兰沟国家森林公园、鹤岗国家森林公园、丹清河国家森林公园、石龙山国家森林公园、勃利国家森林公园、望龙山国家森林公园、胜山要塞国家森林公园、五大连池国家森林公园、完达山国家森林公园、横头山国家森林公园、仙翁山国家森林公园、威虎山国家森林公园、五营国家森林公园、亚布力国家森林公园、桃山国家森林公园、日月峡国家森林公园、兴隆国家森林公园、梅花山国家森林公园、凤凰山国家森林公园、雪乡国家森林公园、八里湾国家森林公园、青山国家森林公园、大沽河国家森林公园、回龙湾国家森林公园、溪水国家森林公园、方正龙山国家森林公园、镜泊湖国家森林公园、金山国家森林公园、佛手山国家森林公园、小兴安岭石林国家森林公园、六峰山国家森林公园、珍宝岛国家森林公园、伊春兴安国家森林公园、红松林国家森林公园、七星峰国家森林公园、呼中国家森林公园、加格达奇国家森林公园
内蒙古（26）	红山国家森林公园、察尔森国家森林公园、黑大门国家森林公园、海拉尔国家森林公园、乌拉山国家森林公园、乌素图国家森林公园、马鞍山国家森林公园、二龙什台国家森林公园、兴隆国家森林公园、黄岗梁国家森林公园、贺兰山国家森林公园、好森沟国家森林公园、额济纳胡杨国家森林公园、旺业甸国家森林公园、桦木沟国家森林公园、五当召国家森林公园、红花尔基樟子松国家森林公园、喇嘛山国家森林公园、阿尔山国家森林公园、达尔滨湖国家森林公园、莫尔道嘎国家森林公园、伊克萨玛国家森林公园、乌尔旗汉国家森林公园、兴安国家森林公园、绰源国家森林公园、阿里河国家森林公园
山西（18）	五台山国家森林公园、天龙山国家森林公园、关帝山国家森林公园、恒山国家森林公园、云岗国家森林公园、龙泉国家森林公园、禹王洞国家森林公园、赵杲观国家森林公园、方山国家森林公园、交城山国家森林公园、太岳山国家森林公园、五老峰国家森林公园、老顶山国家森林公园、乌金山国家森林公园、中条山国家森林公园、太行峡谷国家森林公园、黄崖洞国家森林公园、管涔山国家森林公园
陕西（30）	南宫山国家森林公园、王顺山国家森林公园、朱雀国家森林公园、天台山国家森林公园、太白山国家森林公园、骊山国家森林公园、楼观台国家森林公园、汉中天台国家森林公园、金丝大峡谷国家森林公园、通天河国家森林公园、黎坪国家森林公园、天华山国家森林公园、终南山国家森林公园、延安国家森林公园、五龙洞国家森林公园、木王国家森林公园、榆林沙漠国家森林公园、劳山国家森林公园、太平国家森林公园、鬼谷岭国家森林公园、玉华宫国家森林公园、千家坪国家森林公园、蟒头山国家森林公园、上坝河国家森林公园、黑河国家森林公园、洪庆山国家森林公园、牛背梁国家森林公园、天竺山国家森林公园、紫柏山国家森林公园、少华山国家森林公园

城市园林绿化规划设计

续表

所属省份及数量（家）	国家级森林公园名单
甘肃（21）	吐鲁沟国家森林公园、石佛沟国家森林公园、松鸣岩国家森林公园、云崖寺国家森林公园、徐家山国家森林公园、贵清山国家森林公园、麦积国家森林公园、鸡峰山国家森林公园、渭河源国家森林公园、天祝三峡国家森林公园、冶力关国家森林公园、沙滩国家森林公园、官鹅沟国家森林公园、大峪国家森林公园、腊子口国家森林公园、文县天池国家森林公园、莲花山国家森林公园、寿鹿山国家森林公园、周祖陵国家森林公园、小陇山国家森林公园、大峡沟国家森林公园
宁夏（4）	苏峪口国家森林公园、六盘山国家森林公园、花马寺国家森林公园、火石寨国家森林公园
青海（7）	坎布拉国家森林公园、北山国家森林公园、大通国家森林公园、群加国家森林公园、仙米国家森林公园、麦秀国家森林公园、哈里哈图国家森林公园
四川（31）	都江堰国家森林公园、剑门关国家森林公园、瓦屋山国家森林公园、高山国家森林公园、西岭国家森林公园、二滩国家森林公园、海螺沟国家森林公园、七曲山国家森林公园、天台山国家森林公园、九寨国家森林公园、黑竹沟国家森林公园、夹金山国家森林公园、龙苍沟国家森林公园、福宝国家森林公园、白水河国家森林公园、美女峰国家森林公园、华蓥山国家森林公园、五峰山国家森林公园、千佛山国家森林公园、措普国家森林公园、米仓山国家森林公园、二郎山国家森林公园、广元天台国家森林公园、镇龙山国家森林公园、雅克夏国家森林公园、天马山国家森林公园、空山国家森林公园、云湖国家森林公园、铁山国家森林公园、荷花海国家森林公园、凌云山国家森林公园
云南（28）	魏宝山国家森林公园、普达措国家森林公园、天星国家森林公园、清华洞国家森林公园、东山国家森林公园、来凤山国家森林公园、花鱼洞国家森林公园、磨盘山国家森林公园、龙泉国家森林公园、菜阳河国家森林公园、金殿国家森林公园、章凤国家森林公园、十八连山国家森林公园、鲁布格国家森林公园、珠江源国家森林公园、五峰山国家森林公园、钟灵山国家森林公园、棋盘山国家森林公园、灵宝山国家森林公园、小白龙国家森林公园、圭山国家森林公园、五老山国家森林公园、铜锣坝国家森林公园、紫金山国家森林公园、飞来寺国家森林公园、新生桥国家森林公园、西双版纳国家森林公园、宝台山国家森林公园
贵州（21）	百里杜鹃国家森林公园、竹海国家森林公园、燕子岩国家森林公园、长坡岭国家森林公园、凤凰山国家森林公园、九龙山国家森林公园、尧人山国家森林公园、玉舍国家森林公园、雷公山国家森林公园、习水国家森林公园、黎平国家森林公园、朱家山国家森林公园、紫林山国家森林公园、潕阳湖国家森林公园、赫章夜郎国家森林公园、仙鹤坪国家森林公园、青云湖国家森林公园、毕节国家森林公园、大板水国家森林公园、龙架山国家森林公园、九道水国家森林公园
西藏（7）	巴松湖国家森林公园、色季拉国家森林公园、玛旁雍错国家森林公园、班公湖国家森林公园、然乌湖国家森林公园、热振国家森林公园、姐德秀国家森林公园

城市园林绿化规划设计

173

所属省份及数量(家)	国家级森林公园名单
新疆(14)	照壁山国家森林公园、天池国家森林公园、那拉提国家森林公园、巩乃斯国家森林公园、贾登峪国家森林公园、白哈巴国家森林公园、唐布拉国家森林公园、奇台南山国家森林公园、科桑溶洞国家森林公园、金湖杨国家森林公园、巩留恰西国家森林公园、哈密天山国家森林公园、哈日图热格国家森林公园、乌苏佛山国家森林公园

城市园林绿化规划设计

附录6 园林绿化案例

城市园林绿化案例

——浙江省丽水市云和县水境佳苑

北京航空航天大学北海学院 2010 级园林 2 班 N3100830220 梅涵一

摘要:人类居住城市已经有漫长的历史了,而城市住宅小区是现代人类在城市居住的主要生活空间,本文试图从解剖浙江省丽水市云和县水境佳苑的方式,来深入认知城市住宅小区的概念,力图用事实说话,讲述住宅小区的园林绿化设计理念,从而进一步加深对园林专业相关知识的学习。

一、浙江省云和县的水境佳苑住宅小区概况介绍

水境佳苑住宅小区(见附图 1)地处丽水市云和县城东,在老县城的解放街向东延伸的解放东路南侧。小区东临云景路及景色怡人的中国木制玩具城东大门城市休闲绿地中心,南临滨江路及风景优美的浮云溪,西面的迎宾路和解放东路两条城市主干道纵横交错。其中紧靠小区西南角的浮云溪(见附图 2)与迎宾路交汇的浮云大桥(见附图 3)是县城的标志性地标,大桥南面沿着迎宾路直通丽龙高速公路收费站(约 500 m),大桥北面与小区一路(迎宾路)之隔的是云和最好的星级宾馆,以大桥为中心的浮云溪两岸是县城最大的滨水公园。

小区总建筑面积 8 万多 m²,是目前云和县城规模最大和宜居最佳的住宅小区,交通便利,1 路公交车在解放东路的小区西大门(正大门)和东大门(第二正大门)各有停靠站,云(和)丽(水)和云(和)景(宁)等两条跨境公路在小区北侧的解放东路经过,县城到浙江第三大人工湖(云和湖)的大坝所在地紧水滩镇的公交车也在小区北侧经过,从小区出发进出县内外都非常方便。

小区共有 18 幢住宅(平面图见附图 4),其中楼高为 6 层的多层住宅 14 幢,楼高为 11 层的小高楼 4 幢,当中第 11、12、13、15、16、17、18、19、20 等 9 幢为江景房。江景房朝南面的房间全部都能看到风景优美的江滨公园(滨水公园),除第 12 幢处于湾月型中央被 13 幢挡住视线外,其余 8 幢均能向东南方向远眺(约 1 km)县城东面的 4A 级旅游风景区——狮山佛教园林风景区。

二、水境佳苑住宅小区绿化景观工程调查

由于水境佳苑住宅小区所处的特殊地理位置,加上绿化景观风景宜人,目前已经成为云和县城创建"园林城市"的绿化示范小区。小区红线内总占地面积 72.439 1 亩(48 293 m²),建筑用地 21.614 7 亩(14 409.9 m²),道路及地上停车场等非绿地用地 14.863 5 亩(9 909 m²),绿化工程用地 35.960 9 亩(23 974.1 m²),小区绿化用地占比高达 49.64%。紧靠小区南侧就是江滨路步行街,没有车子进出,而浮云溪的两侧均为防洪堤景观绿廊,环境优美,整个小区呈长条形。小区中围绕建筑、道路、地上停车场进行全方位绿化,如果

加上南侧江滨路的绿化带（约20亩），算到浮云溪边线，则整个小区的绿化率可高达60.54%。

交通方面，小区在解放路东西设两个主要入口，其中西面大门为主大门（见附图5）。整个小区中间以一条6 m宽的U型主干道由东至西贯穿整个小区腹地，再以若干条小区次干道进入围合空间，沿途有向心型的聚合小广场，穿过广场进入绿化小广场，经入口广场沿步道可向左右进入住宅单元门厅；在交通组织方面实行人车分流，小区设置两个地下车库，地下车库进出口均临近小区主干道。

停车场建设方面，两个地下停车场有171个车位，住宅楼底层共设置237个车库，几个区块中的绿化带中间设置了停车位置57个，小区U型主干道单边停车可容纳160辆左右，整个小区内总停车数高达625辆，占小区总户数（808套）的77.35%。每个地上停车场都有中心穿孔的地砖铺地（见附图6），绿草绿化其间。

游乐设施方面，设排球场（见附图7）、儿童游乐沙道（见附图8）、象棋桌（见附图9）、围棋桌、各类运动器械等，都与周边绿化相匹配。中央花园还建造有休闲亭台楼阁（见附图10）。主大门进来的绿化空间还设计有"水云间"的音乐喷池（见附图11和附图12）。比较隐蔽的边角地绿化空间中还安排有休闲板凳（见附图13），给业主户外隐蔽谈话提供了十分理想的自然空间。

在小区西南角三角绿化地块，考虑到与处于迎宾大道与解放东路的两条城市主干道在此交汇这个因素，重点进行了与"中国木制玩具城"相协调的园林小品设计，突出了"木玩"元素（见附图14），并配以名贵的花木，周边花坛（见附图15）设计成草花，一年四季不同花色，给人以迎宾之感。

另外，小区的路边停车场（见附图16）、休闲道路（见附图17、附图18）、别墅庭园（见附图19）、中央休闲楼阁（见附图20）等设计，均能很好地与整个小区环境相协调。

三、对水境佳苑住宅小区绿化分析

从"百度"搜索了一下"住宅小区"，是这样解析的：［简介］住宅小区也称"居住小区"，是由城市道路以及自然支线（如河流）划分，并不为交通干道所穿越的完整居住地段。住宅小区一般设置一整套可满足居民日常生活需要的基层专业服务设施和管理机构。［特点］住宅小区就其个性而言有如下特点：①规划建设集中化，使用功能多样化；②楼宇结构整体化，公共设施系统化；③产权多元化，管理复杂化。

对照水境佳苑住宅小区，18幢房子808套统一由浙江同心房地产开发有限公司分四期开发，小区的北面和西面邻街有100多间店面房子，西南角的二楼还是用做酒店、大型超市的商业用房，第一个特点完全符合。水境佳苑有多层住宅、小高层住宅、复式的别墅庭院住宅（第13、15、20幢的一二层是联体的别墅），整个小区组成一个大的公共系统，也完全符合第二个特点。水境佳苑的住宅产权是完全由业主一次买断的，但商业用房却有酒店式的、租赁式的，这样整个小区管理也就复杂了，所以第三个特点也完全符合。

从园林绿化这个角度讲，水境佳苑的景观绿化也很有特色，主要体现了"溪水宁静、心灵澄澈，水境心生、佳苑天成"。规划布局上，总体气势宛如一幅清丽的水彩画，气韵流畅。具体地讲，首先是注重对浮云溪两岸滨水公园的借景，是名副其实的天然亲水住宅；

其次是通过对整个水系的疏理,将水、景、住宅巧妙地结合起来;再次是以园林精神为主导的"景观社区"设计,一草一木皆体含风韵。由于小区各单体建筑间的高低错落及本身的退层处理,布局错落有致、疏密相间,形成跌荡起伏如重叠山林的天际轮廓线,空间及景观序列充满了"步移景异"、"曲径通幽"、"峰回路转"、"豁然开朗"等戏剧性场景。同时,还注重每户的景观环境设计,每一住宅单体均享有独立景观绿地,各单元绿地既相对独立又能相互贯通,给每户主人以清新、自然、健康之感。总之,丰富生动的景观序列让居者领略其自然和谐、完美相融的魅力,月牙形的排列组合充分体现了浓烈的邻里社区情,"溪水宁静、心灵澄澈,水境心生、佳苑天成"的主旨得到完美的阐析。

参考文献

[1] [明]计成,陈植注释,杨伯超校订.《园冶》注释[M].陈从周校阅.北京:中国建筑工业出版社,1981.

[2] 童寯.造园史纲[M].北京:中国建筑工业出版社,1983.

[3] [日]高原荣重.城市绿地规划[M].扬增志,等译.北京:中国建筑工业出版社,1983.

[4] [日]芦原义信.外部空间设计[M].尹培桐译.北京:中国建筑工业出版社,1985.

[5] [苏]N.M.斯莫利亚尔.新城市总体规划[M].中山大学地理系,译.北京:中国建筑工业出版社,
     1982.

[6] 陈植.观赏树木学[M].北京:中国林业出版社,1984.

[7] 陈植.陈植造园文集[M].北京:中国建筑工业出版社,1988.

[8] 陈从周.园林谈丛[M].上海:上海文化出版社,1980.

[9] 宗白华,等.中国园林艺术概观[M].南京:江苏人民出版社,1987.

[10] 王树村.中国民间画诀[M].上海:上海人民美术出版社,1982.

[11] 江苏省基本建设委员会.江苏园林名胜[M].南京:江苏人民出版社,1982.

[12] 吴翼.环境绿化[M].合肥:安徽科学技术出版社,1984.

[13] 梁冠群.观赏园艺及庭园设计[M].广州:科学普及出版社广州分社,1984.

[14] 杜汝俭,李恩山,刘管平.园林建筑设计[M].北京:中国建筑工业出版社,1986.

[15] [清]王概,等.芥子园画谱[M].北京:印刷工业出版社,2011.

城市园林绿化规划设计

附图1　水境佳苑规划图

附图2　浮云溪

附图3　浮云大桥

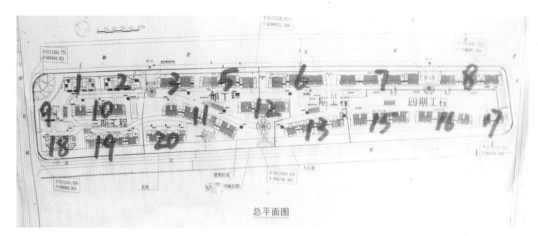

附图4　水境佳苑平面图

附图5　水境佳苑主大门

附图6　水境佳苑停车场

附图7　水境佳苑排球场

附图8　水境佳苑儿童游乐沙道

附图9　水境佳苑象棋桌

附图10　水境佳苑休闲亭

附图11　水境佳苑"水云间"音乐喷池

附图12　"水云间"

附图13　水境佳苑隐蔽场所

附图14　水境佳苑"木玩"元素园林小品

附图15　水境佳苑西北金三角绿化花坛

附图16 水境佳苑道路绿化及路边停车场

附图17 水境佳苑小区休闲道路之一

附图18 水境佳苑小区休闲道路之二

附图19　水境佳苑别墅庭园

附图20　水境佳苑中央休闲楼阁